高等职业教育机电类专业"十三五"规划教材

钳工技能训练

王震宇　主　编

杨　欢　帅　伟　副主编

U0310292

中国铁道出版社有限公司

CHINA RAILWAY PUBLISHING HOUSE CO., LTD.

内 容 简 介

钳工技能训练是培养学生掌握钳工加工技能及相关工艺知识的一门技能训练的主干课。在教学中以一体化的教学模式把理论与操作技能有机结合,以课题的形式使学生由浅入深、理论联系实际,逐步掌握钳工的一些基本操作技能及相关的工艺知识。本书分为基础知识和综合技能训练两个模块。主要内容有:入门知识、平面划线、平面锯割、平面锉削、孔加工、螺纹加工、零部件的装配、钻床夹具等钳工基本技能和相关的工艺知识。

本书适合作为机电类及相关专业钳工技能培训与鉴定考核的教材,也可供中、高等职业院校相关专业师生参考,或供相关从业人员参加在职培训、岗位培训使用。

图书在版编目(CIP)数据

钳工技能训练/王震宇主编. —北京:中国铁道出版社有限公司,2019.6
高等职业教育机电类专业"十三五"规划教材
ISBN 978-7-113-25409-4

Ⅰ.①钳… Ⅱ.①王… Ⅲ.①钳工-高等职业教育-教材 Ⅳ.①TG9

中国版本图书馆 CIP 数据核字(2019)第 054674 号

书 名:**钳工技能训练**	
作 者:王震宇	

策 划:何红艳		**读者热线:**(010)63550836
责任编辑:何红艳 钱 鹏		
封面设计:付 巍		
封面制作:刘 颖		
责任校对:张玉华		
责任印制:郭向伟		

出版发行:中国铁道出版社有限公司(100054,北京市西城区右安门西街8号)
网 址:http://www.tdpress.com/51eds/
印 刷:三河市燕山印刷有限公司
版 次:2019年6月第1版 2019年6月第1次印刷
开 本:787 mm×1 092 mm 1/16 **印张:**9.5 **字数:**227 千
书 号:ISBN 978-7-113-25409-4
定 价:28.00 元

随着机械工业的发展,钳工的分类越来越细,因此更需要掌握好钳工的基本技能。本课程主要使学生掌握钳工各项基本技能以及与之联系的工艺基础知识,提高动手能力及工艺分析能力。

学生通过本课程的学习,应掌握以下内容:

(1)划线的方法及划线的作用。

(2)锯削的基本方法及相关工艺知识。

(3)锉削的加工方法及工艺知识。

(4)孔加工的加工方法,切削刀具的切削原理及工艺知识。

(5)螺纹加工的加工方法及螺纹的种类作用。

(6)典型零、部件的加工方法及工艺分析能力。

(7)典型钻夹具的制作,相关基础知识及工艺知识。

(8)零、部件的装配基础知识、工艺流程及装配方法。

本书主要介绍钳工的工艺知识与操作技能,重点强调培养学生的综合能力,编写过程中力求体现以下特色:

(1)新标准。本书依据最新教学标准和课程大纲要求,对接职业标准和机电专业岗位需求。

(2)新模式。本书采用理实一体化的编写模式,以典型任务为学习载体,突出"做中教,做中学"的职业教育特色。

(3)图文并茂。呈现形式图文并茂,便于学生自习。

(4)操作性强。内容体现趣味性、可操作性,利于激发学生的兴趣。

(5)产教结合。在编写过程中,吸收了企业技术人员的建议和意见,使之更贴近生产实际。

全书共分为钳工加工基础知识和综合技能训练两大模块。基础知识模块分为十二个课题,综合技能训练模块分为八个课题。本书由江苏省常州技师学院王震宇任主编,常州刘国钧高等职业技术学校杨欢、帅伟任副主编,参加编写的还有江苏省常州技师学院徐燕、赵钱、刘帆,盐城防洪工程管理处陈海洋。具体编写分工如下:王震宇、徐燕、赵钱、刘帆编写模块一,杨欢、帅伟、陈海洋编写模块二,本书由江苏省常州技师学院的宋军民负责审核。另外,在教材的编写过程中借鉴了国内外同行的最新资料与文献,参考了许多专家、学者的著作和教材,并得到江苏省常州技师学院机械工程系其他教师的大力支持和热情指导,在此一并表示衷心感谢!

由于编者水平有限,书中难免存在疏漏及不足之处,敬请读者给予批评指正。

编　者

2019 年 3 月

模块一　钳工加工基础知识

模块二　综合技能训练

模块一

钳工加工基础知识

学习目标

1. 掌握钳工工作特点及主要任务。
2. 了解钳工的基本技能。
3. 掌握区别钳工种类的方法。

机器设备都是由若干零件组成的,而大多数零件是用金属材料制成的。随着科学技术的发展,一部分机器零件已经能用精密铸造或冷挤压等方法制造,但绝大多数零件还是要进行金属切削加工。通常是经过铸造、锻造、焊接等加工方法先制成毛坯,然后经车、铣、刨、磨、钳、热处理等加工制成零件,最后将零件装配成机器。所以,一台机器设备的产生,需要许多工种的相互配合来完成。一般的机械制造厂都有铸工、锻工、焊工、车工、铣工、刨工、磨工、钳工、热处理工等多个工种。

一、钳工的主要任务

钳工大多是用手工工具并经常在台虎钳上进行手工操作的一个工种。钳工的主要任务是:

1. 加工零件

一些采用机械方法不适宜或不能解决的加工问题,都可由钳工来完成。如零件加工过程中的划线、精密加工(刮削、研磨、锉削样板等)以及检验和修配等(见图1-1-1)。

（a）平面刮削　　　　　　　　　　（b）螺纹零件的检验

图1-1-1　加工零件

2. 装配

把零件按机械设备的装配技术要求进行组件、部件装配和总装配,并经过调整、检验和试车等,使之成为合格的机械设备(见图1-1-2)。

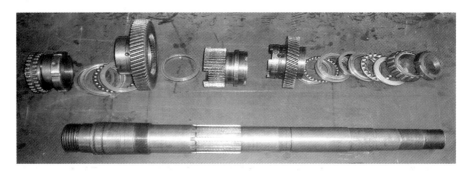

图 1-1-2 车床主轴的装配

3. 设备维修

当机械设备在使用过程中产生故障、出现损坏或长期使用后精度降低,影响使用时,也要通过钳工进行维护和修理(见图1-1-3)。

图 1-1-3 车床主轴箱的修理

4. 工具的制造和修理

制造和修理各种工具、夹具、量具、模具及各种专用设备(见图1-1-4)。

（a）夹具制造　　　　　　　　　　（b）模具制造

图 1-1-4 工具的制造和修理

二、钳工的基本技能

随着机械工业的日益发展,许多繁重的工作已被机械加工所代替;但有些精度高、形状复杂零件的加工以及设备安装调试和维修是机械难以完成的。这些工作仍需技艺精湛的钳工去完成。因此,钳工是机械制造业中不可缺少的工种。

因此必须掌握好钳工的各项基本操作技能,其内容有:划线、錾削、锯削、锉削、钻孔、扩孔、锪孔、铰孔、攻螺纹、套螺纹、矫正与弯形、铆接、刮削、研磨、机器装配调试、设备维修、测量和简单热处理等。

三、钳工的种类

随着机械工业的发展,钳工的工作范围越来越广泛,需要掌握的技术理论知识和操作技能也越来越复杂。于是产生了专业性的分工,以适应不同工作的需要。按工作内容性质来分,钳工工种主要分三类:

1. 普通钳工

使用钳工工具、钻床,按技术要求对工件进行加工、修整、装配的人员。主要从事机器或部件的装配、调整工作和一些零件的钳工加工工作。

2. 机修钳工

使用工、量具及辅助设备,对各类设备进行安装、调试和维修的人员。主要从事各种机械设备的维护和修理工作。

3. 工具钳工

使用钳工工具及设备对工装、工具、量具、辅具、检具、模具进行制造、装配、检验和修理的人员。主要从事工具、模具、刀具的制造和修理工作。

台虎钳
的操作

四、钳工实习场地的相关设备

1. 钳工常用设备

1)台虎钳

它是用来夹持工件的通用夹具,常用的有固定式和回转式两种(见图1-1-5)。

　（a）固定式台虎钳　　　　　　（b）回转式台虎钳

图1-1-5　台虎钳

回转式台虎钳其结构和工作原理如图1-1-6所示:

活动钳身通过导轨与固定钳身的导轨做滑动配合。丝杠装在活动钳身上,可以旋转,但不能轴向移动,并与安装在固定钳身内的丝杠螺母配合。当摇动手柄使丝杠旋转时,就可以带动活动钳身相对于固定钳身做轴向移动,起夹紧或放松的作用。弹簧借助挡圈和开口销固定在丝杠上,其作用是当放松丝杠时,可使活动钳身及时地退出。在固定钳身和活

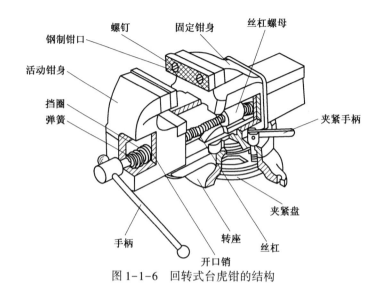

图 1-1-6　回转式台虎钳的结构

动钳身上,各装有钢制钳口,并用螺钉固定。钳口的工作面上制有交叉的网纹,使工件夹紧后不易产生滑动。钳口经过热处理淬硬,具有较好的耐磨性。固定钳身装在转座上,并能绕转座轴心线转动,当转到要求的方向时,扳动夹紧手柄使夹紧螺钉旋紧,便可在夹紧盘的作用下把固定钳身固紧。转座上有三个螺栓孔,用以与钳台固定。

台虎钳的规格以钳口的宽度表示,有 100 mm、125 mm、150 mm 等。

台虎钳在钳台上安装时,必须使固定钳身的工作面处于钳台边缘以外,以保证夹持长条形工件时,工件的下端不受钳台边缘的阻碍。

2) 钳台(钳桌)

用来安装台虎钳、放置工具和工件等(见图 1-1-7)。

钳台高度为 800~900 mm,装上台虎钳后,钳口高度以恰好齐人的手肘为宜;长度和宽度随工作需要而定,如图 1-1-8 所示。

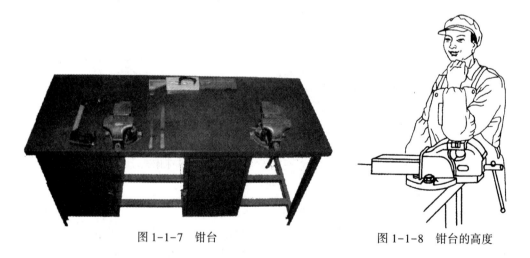

图 1-1-7　钳台　　　　　　　　　　　图 1-1-8　钳台的高度

3) 砂轮机

砂轮机主要由砂轮、电动机和机座组成,如图 1-1-9 所示。

按外形不同,砂轮机分台式砂轮机和立式砂轮机两种,砂轮机主要用于刃磨各种金属切削刀具。

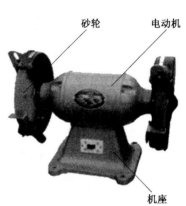

由于砂轮的质地较脆,使用时转速较高(一般在35 m/s 左右),因此,在使用砂轮机时,必须严格遵守安全操作规程,以防止砂轮碎裂造成人身事故。

砂轮机使用时应注意以下几点:

(1)砂轮旋转方向必须与旋转方向指示牌相符。

(2)启动后,应等砂轮转速达到正常时再进行磨削。

(3)砂轮机在使用时,不准将磨削件与砂轮猛烈撞击或施加过大的压力,以免砂轮碎裂。

(4)使用时,发现砂轮表面跳动严重,应及时用修整器进行修整。

图 1-1-9　砂轮机

(5)砂轮机的搁架与砂轮之间的距离一般应保持在 3 mm 之内,否则容易造成磨削件被砂轮轧入的事故。

(6)使用时,操作者尽量不要站立在砂轮的径向方向,而应站立在砂轮的侧面或斜侧位置。

4)钻床

用来对工件进行各类圆孔的加工,有台式钻床、立式钻床和摇臂钻床等,如图 1-1-10 所示。

2. 钳工基本操作中的常用量具

常用工具有划线用的划针、划线盘、划规、中心冲(样冲)和平板;錾削用的手锤和各种錾子;锉削用的各种锉刀;锯削用的锯弓和锯条;孔加工用的各类钻头、铰刀,攻、套螺纹用的各种丝锥、板牙和铰杠;刮削用的平面刮刀和曲面刮刀以及各种扳手和旋具等。

常用量具有钢尺、刀口角尺、游标卡尺、千分尺、角度尺、塞尺、百分表等。

图 1-1-10　钻床

五、实习场地的安全文明生产规章制度

（1）应按次序排列工具、量具、刀具，左手边放工具、右手边放刀具。

（2）量具不能与工件、工具混放。

（3）量具使用完后及时擦拭干净，并涂油以防锈。

（4）工作场地经常保持整洁。

（5）不得在砂轮间内打闹。

（6）在砂轮间内操作必须戴上防护眼镜。

（7）在砂轮上不准磨与实习无关的东西。

（8）刃磨刀具时，必须站在砂轮机的侧面或斜侧面。

（9）在钻孔时不能戴手套，女生需要戴安全帽。

（10）实习时不能窜岗、不能迟到早退、不能做与实习无关的事情。

（11）注意教室卫生整洁，离开实习教室前必须关闭电源和门窗。

六、整理实习工作位置

在明确各自的实习工作位置后，整理并安放好个人使用工具，然后对台虎钳进行一次熟悉结构的拆装实践，同时对台虎钳做好清洁去污、注油等维护保养工作。

思考与练习

（1）机械工业的发展和进步，在很大程度上取决于切削加工技术的发展。金属切削加工技术早在我国古代就已出现，如图1-1-11所示。随着科学技术的不断发展，我国金属切削加工设备与技术水平进一步提高，如图1-1-12所示。作为金属切削加工的一个特有工种—钳工，请查阅相关资料，谈谈钳工在机械制造中所起的作用。

越王勾践剑

青铜器

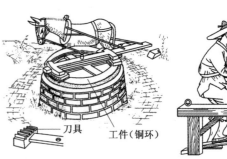

刀具　工件（铜环）

刀片

磨轮

图　1-1-11

（a）五轴联动机床加工模具　　　　　　（b）数控龙门镗铣床

图　1-1-12

（2）结合图 1-1-13 所示，找出其中的共同点，在老师的引领下对钳工的概念进行描述。

（a）　　　　　　　　　　（b）　　　　　　　　　　（c）

图　1-1-13

共同点：① _____

　　　　② _____

钳工概念：_____

（3）查阅教材或相关资料，根据图 1-1-14 写出钳工的主要任务。

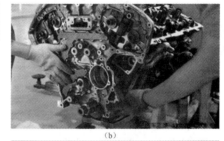

（a）　　　　　　　　　　　　　　　（b）

（c）　　　　　　　　　　　　　　　（d）

图　1-1-14

（4）钳工是机械制造业中不可缺少的工种，作为钳工必须掌握好钳工的各项基本技能。结合视频或查阅资料，了解相关操作内容，完成表 1-1-1 的填写。

表 1-1-1 钳工操作各项基本技能名称

名称		
图例			
名称		
图例			
名称		
图例			

(5)查阅相关资料,根据钳工工作内容性质,对钳工工种进行分类。

①_____主要从事机器或部件的装配、调整工作和一些零件的加工工作。

②_____主要从事各种机械设备的维护和修理工作。

③_____主要从事工具、模具、刀具的制造和修理。

(6)结合课程所学内容,进行分组讨论,各组选出一名代表讲述你对钳工的了解。并要求每位学生就如何学好钳工,谈谈对个人职业发展的想法。

平面划线

1. 明确划线的作用与要求。
2. 掌握图样要求,合理选择图样的划线基准。
3. 正确掌握划线工具的使用方法。
4. 掌握划线涂料的使用方法。
5. 掌握基本划线的方法及步骤。

划线是指在毛坯或工件上,用划线工具划出待加工部位的轮廓线或作为基准的点、线。

只需要在工件的一个表面上划线后即能明确表示加工界线的划线方法,称为平面划线,如图 1-2-1 所示。

一、划线的作用

(1)确定工件上的加工余量,使机械加工有明确的尺寸界线。

(2)便于复杂工件在机床上安装,可以按划线找正定位。

(3)能够及时发现和处理不合格的毛坯,避免加工后造成损失。

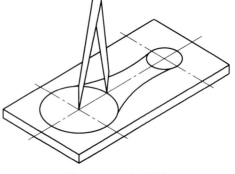

图 1-2-1　平面划线

(4)采用借料划线可以使误差不大的毛坯得到补救,使加工后的零件仍能符合要求。

划线是机械加工的重要工序之一,广泛应用于单件和小批量生产。

二、划线的要求

划线除要求划出的线条清晰均匀外,最重要的是保证尺寸准确。在立体划线中,还应注意使长、宽、高三个方向的线条互助垂直。一般的划线精度能达到 0.25~0.5 mm。

三、划线基准的选择

1. 基准的概念

(1)基准:用来确定其他点、线、面位置的点、线、面。

(2)设计基准:在零件图上用来确定其他点、线、面位置的基准。

(3)划线基准:是指在划线时选择工件上的某个点、线、面作为依据,用它来确定工件的各部分尺寸、几何形状及工件上各要素的相对位置。

2. 划线基准选择

1）划线基准的选择原则

（1）划线基准应尽量与设计基准重合。

（2）对称形状的工件，应以对称中心线为基准。

（3）有孔的工件，应以主要孔的中心线为基准。

（4）在未加工的毛坯上划线，应以主要不加工表面为基准。

（5）在加工过的表面上划线，应以加工过的表面为基准。

划线时在零件的每一个方向都需要选择一个基准，因此，平面划线时一般要选择两个划线基准。

2）划线基准的选择类型

（1）以两个互相垂直的平面（或线）为基准，如图 1-2-2（a）所示。

（2）以两条中心线为基准，如图 1-2-2（b）所示。

（3）以一个平面和一条中心线为基准，如图 1-2-2（c）所示。

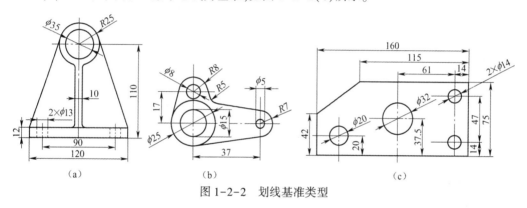

| （a） | （b） | （c） |

图 1-2-2　划线基准类型

四、常用划线工具

1. 钢直尺

钢直尺是一种简单的尺寸量具，在尺面上刻有尺寸刻线，最小刻线距为 0.5 mm，它的长度规格有 150 mm、300 mm、1 000 mm 等多种。可以用来量取尺寸，也可作划直线时起导向作用的导向工具，如图 1-2-3 所示。

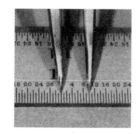

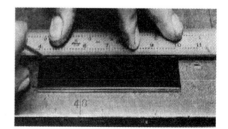

| （a）量取尺寸 | （b）测量工件 | （c）划直线 |

图 1-2-3　钢直尺的使用

2. 划线平板

由铸铁制成，工作表面经过精刨或刮削加工，作为划线时的基准平面。划线平板放置时应使平板表面处于水平状态,如图 1-2-4 所示。

使用注意要点:平板工作表面应经常保持清洁;工件和工具在平板上都要轻拿轻放,不可损伤其工作表面;用后要擦拭干净,并上机油防锈。

3. 划针

用来在工件上划线,由弹簧钢或高速钢制成,直径一般为 $\phi 3 \sim 5$ mm,尖端磨成 $15° \sim 20°$ 的尖角,并经热处理淬火使之硬化,如图 1-2-5 所示。

图 1-2-4 划线平板

图 1-2-5 划针

使用注意要点:在用钢直尺和划针连接两点间直线时,应先用划针和钢直尺定好其中一点的划线位置,然后调整钢直尺与另一点的划线位置对准,再划出两点间连接直线;划线的时候,针尖要紧靠在导向工具的边缘,上部向外侧倾斜 $15° \sim 20°$,向划线移动方向倾斜 $45° \sim 75°$,如图 1-2-6 所示;针尖要保持尖锐,划线要尽量一次划成,使划出的线条清晰准确;不用时,划针不能插在衣袋中,最好套上塑料管不使针尖外露。

4. 高度尺

高度尺又称高度游标卡尺,附有划针脚,能直接表示出高度尺寸,其读数精度一般为0.02mm,可作为精密划线工具,如图 1-2-7 所示。

5. 划规

用来划圆和圆弧、等分线段、等分角度以及量取尺寸等,如图 1-2-8 所示。

6. 样冲

用于在工件所划加工线条上打样冲眼(冲点),作加强界限标志和划圆弧或钻孔时的定位中心,如图 1-2-9 所示。一般由工具钢制成,尖端处淬硬,其顶尖角 θ 在用于加强界限标记时约为 $40°$,用于钻孔定中心时约为 $60°$。

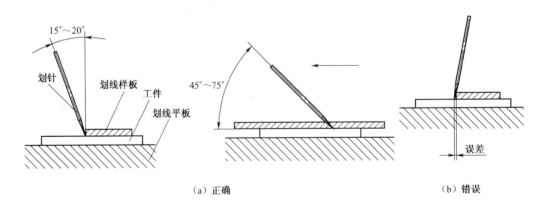

(a) 正确　　　　　　　　　　　　(b) 错误

图 1-2-6 划针的用法

图 1-2-7 高度尺

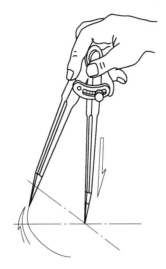

图 1-2-8 划规划圆弧操作

图 1-2-9 样冲

冲点方法:先将样冲外倾使尖端对准线的正中,如图 1-2-10(a)所示,然后再将样冲立直冲点,如图 1-2-10(b)所示。

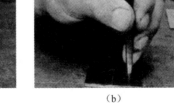

（a）　　　　　　　　　　　（b）

图 1-2-10 样冲的使用方法

冲点要求:位置准确,冲点不可偏离线条,如图 1-2-11 所示;在曲线上冲点距离要小些,在直线上冲点距离可大些,但短直线至少有三个冲点;在线条的交叉转折处必须有冲点;冲点的深浅要掌握适当,在薄壁上或光滑表面上冲点要浅,粗糙表面上要深些。

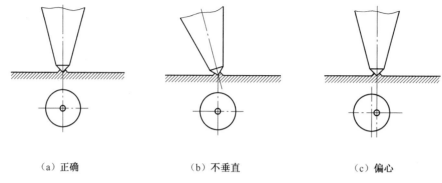

（a）正确　　　　　　　　（b）不垂直　　　　　　　　（c）偏心

图 1-2-11　样冲的冲点要求

五、基本划线方法介绍

基本划线方法如表 1-2-1 所示。

表 1-2-1　基本划线方法

划线要求	图示	划线方法
将线段 AB 进行五等分(或若干等分)		（1）由 A 点作一射线并与已知线段 AB 成某一角度； （2）从 A 点在射线上任意截取五等分点 a、b、c、d、C； （3）连接 BC，并过 a、b、c、d 分别作 BC 线段的平行线，在 AB 线上的交点即为 AB 线段的五等分点
作与线段 AB 距离为 R 的平行线		（1）在已知线段上任取两点 a、b； （2）分别以 a、b 为圆心，R 为半径，在同侧作圆弧； （3）作两圆弧的公切线，即为所求的平行线
过线外一点 P，作线段 AB 的平行线		（1）在 AB 线段上取一点 O； （2）以 O 为圆心，OP 为半径作圆弧，交 AB 于 a、b； （3）以 b 为圆心，aP 为半径作圆弧，交圆弧 $\overset{\frown}{ab}$ 于 c； （4）连接 Pc，即为所求平行线
过已知线段 AB 的端点 B 作垂直线段		（1）以 B 为圆心，取 Ba 为半径作圆弧交线段 AB 于 a； （2）以 Ba 为半径，在圆弧上截取圆弧段 ab 和 bc； （3）分别以 b、c 为圆心，Ba 为半径作圆弧，交于 d； （4）连接 Bd，即为所求垂直线段
作与两相交直线相切的圆弧线		（1）在两相交直线的角度内，作与两直线相距为 R 的两条平行线，交点为 O； （2）以 O 为圆心，R 为半径作圆弧

续表

划线要求	图示	划线方法
作与两圆弧线外切的圆弧线		(1)分别以 O_1 和 O_2 为圆心,以 R_1+R 及 R_2+R 为半径作圆弧交于 O; (2)以 O 为圆心,R 为半径作圆弧
作与两圆弧线内切的圆弧线		(1)分别以 O_1 和 O_2 为圆心,以 $R-R_1$ 及 $R-R_2$ 为半径作圆弧交于 O; (2)以 O 为圆心,R 为半径作圆弧
作与两相向圆弧相切的圆弧线		(1)分别以 O_1 和 O_2 为圆心,以 $R-R_1$ 及 $R+R_2$ 为半径作圆弧交于 O; (2)以 O 为圆心,R 为半径作圆弧

思考与练习

(1)在中学,我们已经学会用圆规、三角板来进行几何作图。请说出钳工中划线与用圆规、三角板进行几何作图的区别,在老师的引领下对划线概念进行描述。

划线与用圆规、三角板的区别:＿＿＿＿＿＿＿＿＿＿＿＿＿＿＿＿＿＿＿＿

＿＿＿＿＿＿＿＿＿＿＿＿＿＿＿＿＿＿＿＿＿＿＿＿＿＿＿＿＿＿＿＿＿

划线概念:＿＿＿＿＿＿＿＿＿＿＿＿＿＿＿＿＿＿＿＿＿＿＿＿＿＿＿＿

(2)如图 1-2-12 所示,划线可分为平面划线和立体划线,它们是如何来加以区分的?

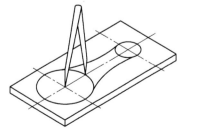

（a）平面划线

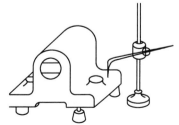

（b）立体划线

图　1-2-12

（3）划线是机械加工的重要工序之一，请查阅资料说出划线的作用及要求。

_____

_____

_____

_____

_____

（4）划线时通常要遵守一个规则，即从基准开始划起。合理地选择好划线基准是做好划线工作的关键。请查阅资料，完成下列名词的解释。

①基准：_____

_____

②设计基准：_____

_____

（5）请找出图 1-2-13 所示各工件的划线基准，并说出你的理由。

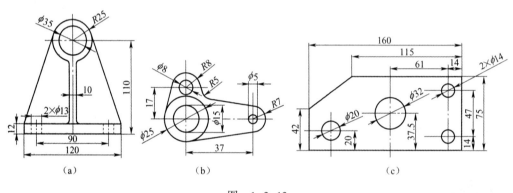

（a）　　　　　　　（b）　　　　　　　（c）

图　1-2-13

_____

_____

_____

（6）查阅相关资料，请说出表 1-2-2 中划线工具的名称及功能特点。

表 1-2-2　划线工具的名称及功能特点

序号	示意图	名称	功能特点
1			

序号	示意图	名称	功能特点
2			
3			
4			
5			
6			

(7)请通过对划线工具的使用,完成下列问题的回答(见图1-2-14)。

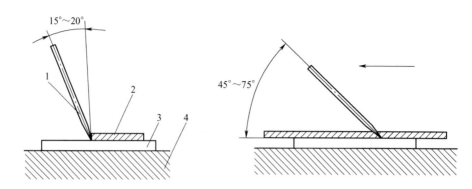

图　1-2-14

1—划针;2—划线样板;3—工件;4—划线平板

①划线时,针尖紧靠在划线样板边缘,上部向外侧倾斜的角度范围是_____。

②划线时,划针应向划线移动方向倾斜的角度范围是_____。

③图1-2-15中,敲击冲眼的位置是否正确?若不正确请在图中加以改正。

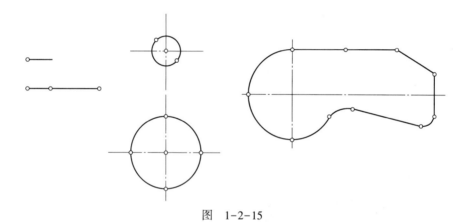

图　1-2-15

(8)查阅资料,写出钳工中常用的划线涂料及使用场合。

_____

_____

_____

(9)请按照表1-2-3中划线要求及划线方法完成图示内容。

表1-2-3　图示的划线要求及划线方法

划线要求	图　示	划线方法
将线段 AB 进行 5 等分(或若干等分)	A ——————— B	(1)由 A 点作一射线并与已知线段 AB 成某一角度; (2)从 A 点在射线上任意截取 5 等分点 a,b,c,d,C; (3)连接 BC,并过 a,b,c,d 分别作线段 BC 的平行线,在 AB 线上的交点即为线段 AB 的 5 等分点

续表

划线要求	图　示	划线方法
作与线段 AB 距离为 R 的平行线	R A————————B	（1）在已知线段 AB 上任取两点 a,b； （2）分别以 a 和 b 为圆心，R 为半径，在同侧作圆弧； （3）作两圆弧的公切线，即为所求的平行线
过线外一点 P，作线段 AB 的平行线	$P \cdot$ A————————B	（1）在线段 AB 上取一点 O； （2）以 O 为圆心，OP 为半径作圆弧，交 AB 于 a,b； （3）以 b 为圆心，aP 为半径作圆弧，交圆弧 ab 于 c； （4）连接 Pc，即为所求平行线
过已知线段 AB 的断点 B 作垂直线段	A————————B	（1）以 B 为圆心，取 Ba 为半径作圆弧，交线段 AB 于 a； （2）以 Ba 为半径，在圆弧上截取圆弧段 ab 和 bc； （3）分别以 b 和 c 为圆心，Ba 为半径作圆弧，交于 d 点； （4）连接 Bd，即为所求垂直线段
作与两相交直线相切的圆弧线	R A——————C，B	（1）在两相交直线的角度内，作与两直线相距为 R 的两条平行线，交于 O 点； （2）以 O 为圆心，R 为半径作圆弧
作与两圆弧线外切的圆弧线	R R_1 O_1 O_2 R_2	（1）分别以 O_1 和 O_2 为圆心，以 R_1+R 及 R_2+R 为半径作圆弧交于 O 点； （2）以 O 为圆心，R 为半径作圆弧
作与两圆弧线内切的圆弧线	R R_1 O_1 O_2 R_2	（1）分别以 O_1 和 O_2 为圆心，以 $R-R_1$ 及 $R-R_2$ 为半径作圆弧交于 O 点； （2）以 O 为圆心，R 为半径作圆弧
作与两相向圆弧外切的圆弧线	R R_1 O_2 R_1 O_1	（1）分别以 O_1 和 O_2 为圆心，以 $R-R_1$ 及 $R+R_2$ 为半径作圆弧交于 O 点； （2）以 O 为圆心，R 为半径作圆弧

课题 三 **平 面 锯 割**

 学习目标

1. 明确锯削的作用与要求。
2. 正确掌握锯条的安装和使用方法。
3. 正确掌握锯削的方法及步骤。

一、锯削

用锯削工具对材料或工件进行切断或切槽的加工方法,称为锯削。锯削操作包括对各种原材料或半成品进行锯断加工,如图1-3-1(a)所示。锯除零件上多余部分,如图1-3-1(b)所示或在零件上锯槽[见图1-3-1(c)]等。

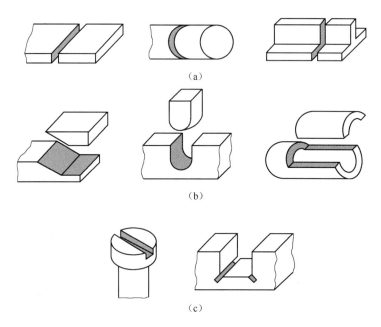

(a)

(b)

(c)

图1-3-1　锯削的作用

二、锯削工具

锯削工具由锯弓和锯条两部分组成。

1. 锯弓

锯弓用于安装和张紧锯条,有可调节式锯弓(见图1-3-2)和固定式锯弓(见图1-3-3)两种。

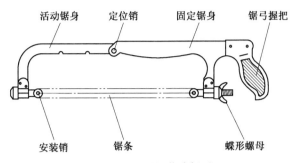

图 1-3-2　可调节式锯弓

图 1-3-3　固定式锯弓

1)可调节式锯弓

(1)锯身

可调节式锯弓的锯身有活动锯身和固定锯身。通过活动锯身的前后位置移动可以实现锯身长度的调节,以适应安装不同长度规格的锯条。

(2)定位销

定位销与活动锯身下端的定位凹孔配合,可以起到固定活动锯身位置的作用。

(3)锯弓握把

锯弓握把在锯削时供操作者握持,以提供锯削所必须的推力。

(4)安装销

锯弓上有两个安装销,分别位于活动锯身和固定锯身下端的夹头上,在安装锯条时,用来固定锯条的位置。

(5)蝶形螺母

蝶形螺母与安装销后端的螺栓配合,形成螺纹连接,在装夹锯条时用来张紧锯条。其外形做成蝶形形状,主要是为了操作方便。

2)固定式锯弓

固定式锯弓的结构大致与可调节式锯弓相同,只是固定式锯弓的锯身不可调节,其安装锯条的规格只能是唯一的。

2. 锯条

锯条按使用场合不同可分为手用锯条和机用锯条两种。

锯条一般用渗碳软钢冷轧而成,经热处理淬硬,锯条的规格以两端安装孔中心距的距离来表示,钳工操作时常用的锯条规格为300 mm。

1)锯齿的切削角度

常用锯条单面有齿,相当于一排同样形状的錾子,每个齿都有切削作用。

锯齿的切削角度(见图1-3-4)为:前角 $\gamma_0 = 0°$、后角 $\alpha_0 = 40°$、楔角 $\beta_0 = 50°$。

2)锯路

为了减少锯缝两侧面对锯条的摩擦阻力,避免锯条被夹住或折断,锯条在制造时,使锯齿按一定的规律左右错开,排列成一定形状,称为锯路。锯路有交叉形和波浪形等(见图1-3-5)。锯条有了锯路以后,使工件上的锯缝宽度大于锯条背部的厚度,从而防止了"夹锯"和锯条过热,减少锯条磨损。

锯削姿势
及动作

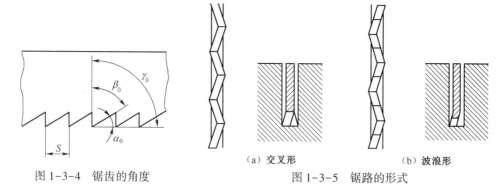

图1-3-4　锯齿的角度

（a）交叉形　　　　（b）波浪形

图1-3-5　锯路的形式

三、锯削方法

1. 锯削的基本姿势

1)站立姿势

锯削时的站立姿势如图1-3-6所示,摆动要自然。

2)锯弓握法

右手满握锯柄,左手扶在锯弓前端,如图1-3-7所示。

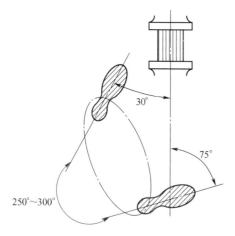

30°

75°

250°～300°

图1-3-6　锯削时的站立姿势

图1-3-7　锯弓的握法

锯削运动时,推力和压力由右手控制,左手主要配合右手扶正锯弓,压力不要过大。手锯推出时为切削行程,应施加压力,返回行程不切削,不加压力做自然拉回。工件将要切断时要适当减小压力。

3）锯削时的运动和速度

锯削运动一般采用小幅度的上下摆动式运动，即手锯推进时，身体略向前倾，双手随着压向手锯的同时，左手上翘，右手下压，回程时，右手上抬，左手自然跟回。对锯缝底面要求平直的锯削，必须采用直线运动。锯削运动的速度一般为 40 次/min 左右，锯削硬材料慢些，锯削软材料快些，同时，锯削行程应保持均匀，返回行程的速度应相对快些。

2. 锯削操作方法

1）工件的夹持

工件一般应夹在台虎钳的左面，以便操作（见图 1-3-8）；工件伸出钳口不应过长（应使锯缝离开钳口侧面约 20 mm），防止工件在锯削时产生振动；锯缝线要与锯口侧面保持平行（使锯缝线与铅垂线方向一致），便于控制锯缝不偏离划线线条；夹紧要牢靠，同时要避免将工件夹变形和夹坏已加工面。

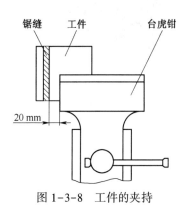

图 1-3-8　工件的夹持

2）锯条的安装

手锯是在前推时才起切削作用，因此锯条安装应使齿尖的方向朝前如图 1-3-9（a）所示，如果装反了［见图 1-3-9（b）］，则锯齿前角为负值，不能正常锯削。在调节锯条松紧时，蝶形螺母不宜旋得太紧或太松：太紧时锯条受力太大，在锯削中用力稍有不当，就会折断；太松则会使锯削时锯条容易扭曲，也易折断，而且锯出的锯缝容易歪斜。其松紧程度以用手扳动锯条，感觉硬实即可。

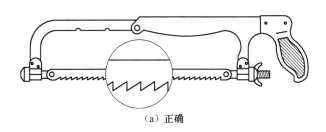

（a）正确

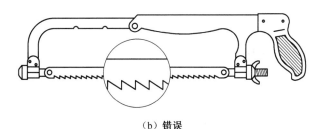

（b）错误

图 1-3-9　锯条的安装

锯条安装后，要保证锯条平面与锯弓中心平面平行，不得倾斜和扭曲，否则，锯削时锯缝极易歪斜。

3）起锯方法

起锯是锯削工作的开始，起锯质量的好坏，直接影响锯削质量。如果起锯不当，一是常出现锯条跳出锯缝将工件拉毛或者引起锯齿崩裂的现象，二是起锯后的锯缝与划线位置不一致，将使锯削尺寸出现较大偏差。起锯方式有远起锯［见图 1-3-10（a）］和近起锯［见

锯条安装方法

起锯的方法

图 1-3-10(b)]两种。

（a）远起锯

（b）近起锯

图 1-3-10　起锯的方法

左手拇指靠住锯条,使锯条能正确地锯在所需要的位置上,如图 1-3-10 所示,行程要短,压力要小,速度要慢。起锯角 θ 在 15°左右,如图 1-3-11(a)所示。

如果起锯角太大,则起锯不易平稳,尤其是近起锯时锯齿会被工件棱边卡住引起崩裂,如图 1-3-11(b)所示。但起锯角也不宜太小,否则,由于锯齿与工件同时接触的齿数较多,不易切入材料,多次起锯往往容易发生偏离,使工件表面锯出许多锯痕,影响表面质量。

一般情况下采用远起锯较好,因为远起锯锯齿是逐步切入材料,锯齿不易卡住,起锯也较方便。如果用近起锯反而掌握不好,锯齿会被工件的棱边卡住,此时也可以向后拉手锯做倒向起锯,使起锯时接触的齿数增加,再做推进起锯就不会被棱边卡住。起锯到槽深有 2~3 mm,锯条已不会滑出槽外,左手拇指可离开锯条,扶正锯弓逐渐使锯痕向后(向前)成为水平,然后往下正常锯削。正常锯削时应使锯条的锯齿全部有效。

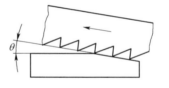

（a）起锯角正确

（b）起锯角过大

图 1-3-11　起锯角度

四、锯削时的安全注意事项

(1)锯条安装时必须要松紧适当,锯削时避免突然用力过猛,以防止锯削过程中,锯条折断从锯弓上崩出伤人。

(2)工件将要锯断时,锯弓上所施加的压力要小,以避免压力过大使工件突然断开,手向前冲造成事故。一般工件将要锯断时,要用左手扶住工件断开部份,避免掉下砸伤脚。

思考与练习

(1)你根据图 1-3-12 所示,说出锯削的应用。

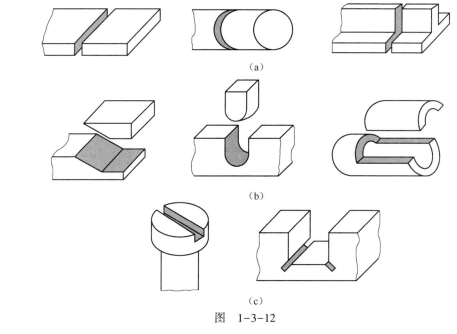

图 1-3-12

（a）图_____ （b）图_____ （c）图_____

（2）请问图1-3-13所示两种锯弓在结构上有何区别?

图 1-3-13

_____

（3）锯条是锯削的常用工具,观察你所使用的锯条,并记录它的规格:____ mm,是以

_____表示的。

（4）锯条以每25 mm轴向长度内的锯齿数来划分,查阅相关资料,并填写出表1-3-1所示中粗、中、细齿锯条的齿数及应用。

表1-3-1 锯条的齿数及应用

种类	图示	每25 mm轴向长度的齿数	应用
粗齿锯条			

种类	图示	每 25 mm 轴向长度的齿数	应用
中齿锯条			
细齿锯条			

（5）请判断图 1-3-14 所示锯条安装情况，哪一个是正确安装的，说出理由。

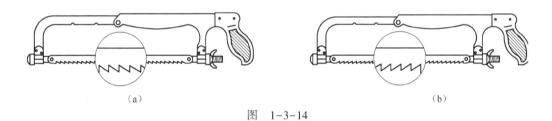

（a）   （b）

图　1-3-14

_____

_____

（6）参照图 1-3-15（c），说出图 1-3-15（a）、（b）中所示锯削的姿势是否正确？为什么？

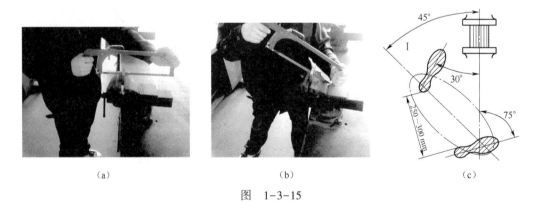

（a）   （b）   （c）

图　1-3-15

_____

_____

_____

（7）起锯是锯削工作的开始，起锯角度约为15°，起锯质量的好坏，直接影响锯削质量。图1-3-16所示分别为何种起锯，一般情况下采用哪种方法？为什么？

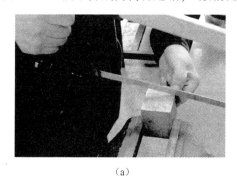
（a）

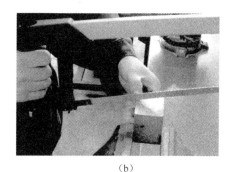
（b）

图 1-3-16

（8）小组讨论，说出在锯削加工中的注意事项。

课题四 　锉　　削

学习目标

1. 熟悉锉刀的结构,并能正确安装锉刀柄。
2. 能合理使用锉刀并对锉刀进行日常保养。
3. 能在台虎钳上正确装夹零件。
4. 能运用正确的锉削姿势进行锉削练习。

一、锉削概述

用锉刀对工件表面进行切削加工称为锉削。锉削一般是在錾、锯之后对工件进行的精度较高的加工,其精度可达 0.01 mm,表面粗糙度可达 $Ra0.8\ \mu m$。

锉削的应用范围很广,可以锉削平面、曲面、外表面、内孔、沟槽和各种复杂表面,还可以配键、做样板以及在装配中修整工件,是钳工常用的重要操作技能之一。

二、锉刀

锉刀用高碳工具钢 T13 或 T12 制成,经热处理后切削部分硬度达 HRC62-72。

1. 锉刀的构造

锉刀由锉身和锉柄两部分组成,各部分名称如图 1-4-1 所示。

锉刀柄
的装拆

图 1-4-1　锉刀各部分名称

锉刀面是锉削的主要工作面。锉刀面在前端做成凸弧形,上下两面都制有锉齿,便于锉削。

锉刀尾的锉刀舌是用来装锉刀柄的。锉柄是木质的,在安装孔的外部应套有铁箍。

2. 锉纹

单齿纹是指锉刀上只有一个方向的齿纹,如图 1-4-2(a)所示。单齿纹齿的强度弱,全齿宽同时参加切削,需要较大切削力,因此适用于锉削软材料。

双齿纹是指锉刀上有两个方向排列的齿纹,如图 1-4-2(b)所示。这样形成的锉齿,沿锉刀中心线方向形成倾斜和有规律排列的纹路。锉削时,每个齿的锉痕交错而不重叠,锉面比较光滑,锉削时切屑是碎断的,比较省力,锉齿强度也高,适于锉硬材料。

（a）单齿纹　　　　　　　　　　　（b）双齿纹

图 1-4-2　锉刀的齿纹

3. 锉刀的种类

钳工所用的锉刀按其用途不同,可分为普通钳工锉、整形锉和异形锉三类。

普通钳工锉按其断面形状不同,分为平锉（板锉）、方锉、三角锉、半圆锉和圆锉五种,如图 1-4-3 所示。

板锉　　　　　方锉　　　　　三角锉　　　　半圆锉　　　　圆锉

图 1-4-3　普通钳工锉断面形状

异形锉是用来锉削工件特殊表面用的,有刀口锉、菱形锉、扁三角锉、椭圆锉、圆肚锉等。

整形锉又称什锦锉或组锉,因分组配备各种断面形状的小锉而得名,主要用于修整工件上的细小部分。通常以 5 把、6 把、8 把、10 把或 12 把为一组,如图 1-4-4 所示。

图 1-4-4　整形锉

4. 锉刀的规格

锉刀的规格分为尺寸规格和齿纹的粗细规格。

不同的锉刀的尺寸规格用不同的参数表示。圆锉刀的尺寸规格以直径表示;方锉刀的规格以方形尺寸表示;其他锉刀则以锉身长度表示其尺寸规格。钳工常用的锉刀有 100、125、150、200、250、300、350、400（单位为 mm）等几种。

锉齿的粗细规格,以锉刀每 10 mm 轴向长度内的主锉纹条数来表示,如表 1-4-1 所示。主锉纹是指锉刀上两个方向排列的深浅不同的齿纹中,起主要锉削作用的齿纹。起分屑作用的另一个方向的齿纹称为辅齿纹。

表 1-4-1 锉刀齿纹粗细的规定

规格 (mm)	主锉纹条数(10 mm 内)				
	锉纹号				
	1	2	3	4	5
100	14	20	28	40	56
125	12	18	25	36	50
150	11	16	22	32	45
200	10	14	20	28	40
250	9	12	18	25	36
300	8	11	16	22	32
350	7	10	14	20	—
400	6	9	12	—	—
450	5.5	8	11	—	—

表中,1 号锉纹为粗齿锉刀;2 号锉纹为中齿锉刀;3 号锉纹为细齿锉刀;4 号锉纹为双细齿锉刀;5 号锉纹为油光锉。

5. 锉刀的选择

每种锉刀都有一定的用途,如果选择不当,就不能充分发挥它的效能,甚至会使之过早地丧失切削能力。因此,锉削之前必须正确地选择锉刀。

应根据被锉削工件表面形状和大小选用锉刀的断面形状和长度。锉刀形状应适应工件加工表面形状。

锉刀的粗细规格选择,决定于工件材料的性质、加工余量的大小、加工精度和表面粗糙度要求的高低。例如,粗锉刀由于齿距较大不易堵塞,一般用于锉削铜、铝等软金属及加工余量大、精度低和表面粗糙的工件;而细锉刀则用于锉削钢、铸铁以及加工余量小、精度要求高和表面粗糙度低的工件;油光锉用于最后修光工件表面。

各种粗细规格的锉刀所适宜的加工余量和所能达到的加工精度和表面粗糙度,如表 1-4-2 所示,供选择锉刀粗细规格时参考。

表 1-4-2 锉刀齿纹的粗细规格选用

锉刀粗细	适用场合		
	锉削余量(mm)	尺寸精度(mm)	表面粗糙度(μm)
1 号(粗齿锉刀)	0.5~1	0.2~0.5	$Ra25~100$
2 号(中齿锉刀)	0.2~0.5	0.05~0.2	$Ra6.3~25$
3 号(细齿锉刀)	0.1~0.3	0.02~0.05	$Ra3.2~12.5$
4 号(双细齿锉刀)	0.1~0.2	0.01~0.02	$Ra1.6~6.3$
5 号(油光锉)	0.1 以下	0.01	$Ra0.8~1.6$

三、锉削姿势

1. 锉刀柄的装拆方法

锉刀柄的装拆方法,如图 1-4-5 所示。

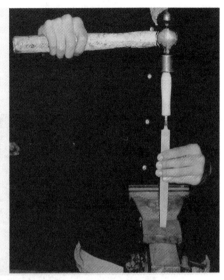

（a）装锉刀柄的方法

（b）拆锉刀柄的方法

图 1-4-5　锉刀柄的装拆方法

2. 平面锉削的姿势

锉削姿势正确与否,对锉削质量、锉削力的运用和发挥以及操作者的疲劳程度都起着决定性的影响。锉削姿势的正确掌握,必须从握锉、站立步位和姿势动作以及操作用力等几方面进行,需要反复练习才能达到协调一致。

1)锉刀的握法

右手紧握锉刀柄,柄端抵在拇指根部的手掌上,大拇指放在锉刀柄上部,其余手指由下而上地握住锉刀柄;左手的基本握法是将拇指根部的肌肉压在锉刀头上,拇指自然伸直,其余四指弯向手心,用中指、无名指捏住锉刀前端。锉削时右手推动锉刀并决定推动方向,左手协同右手使锉刀保持平衡,如图 1-4-6 所示。

2)姿势动作

锉削时的站立步位和姿势,如图 1-4-7 所示。站立时,以台虎钳中心线为基准,操作者的身体平面与台虎钳中心线成 45°角;左脚在前,右脚在后,左脚脚面中心线与台虎钳中心

锉刀的
握法

线成 30°,右脚脚面中心线与台虎钳中心线成 75°;左脚膝盖略有弯曲,右脚膝盖崩直。

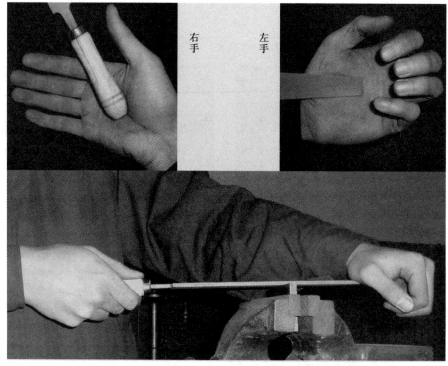

图 1-4-6　锉刀的握法

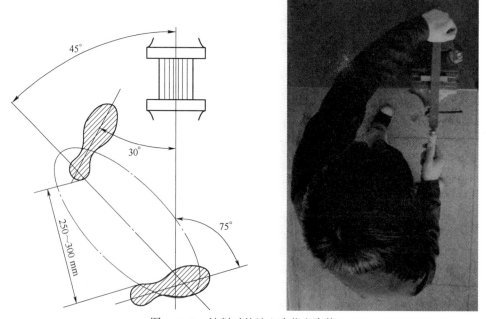

图 1-4-7　锉削时的站立步位和姿势

锉削动作,如图 1-4-8 所示,两手握住锉刀放在工件上面,左臂弯曲,小臂与工件锉削面的左右方向保持基本平行,右小臂要与工件锉削面的前后方向保持基本平行,但要自然。

锉削时,身体先于锉刀并与之一起向前,右脚伸直并稍向前倾,重心在左脚,左膝部呈弯曲状态。当锉刀锉至约 3/4 行程时,身体停止前进,两臂则继续将锉刀向前锉到头,同时,左脚自然伸直并随着锉削时的反作用力,将身体重心后移,使身体恢复原位,并顺势将锉刀收回。当锉刀收回将近结束时,身体又开始先于锉刀前倾,做第二次锉削的向前运动。

(a)

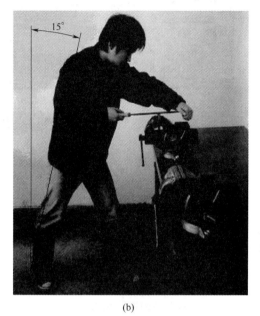

(b)

(c)

(d)

图 1-4-8　锉削动作

3. 锉削时两手的用力和锉削速度

要锉出平直的平面,必须使锉刀保持直线的锉削运动。为此,锉削时右手的压力要随锉刀推动而逐渐增加,左手的压力要随锉刀推动而逐渐减小,如图 1-4-9 所示,回程时不要加压力,以减少锉齿的磨损。

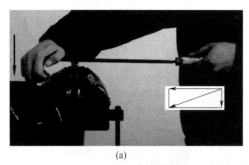
(a)

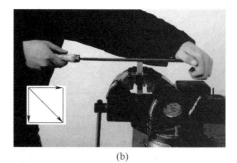
(b)

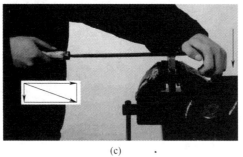
(c)

图 1-4-9 锉平面时的两手用力

锉削速度一般应在 40 次/min 左右,推出时稍慢,回程时稍快,动作要自然协调。

4. 平面的锉法

1)顺向锉[见图 1-4-10(a)]

锉刀运动方向与工件夹持方向始终一致。在锉宽平面时,为使整个加工表面能均匀地锉削,每次退回锉刀时应在横向做适当的移动。顺向锉的锉纹整齐一致,比较美观,这是最基本的一种锉削方法。

2)交叉锉[见图 1-4-10(b)]

平面的锉削方法

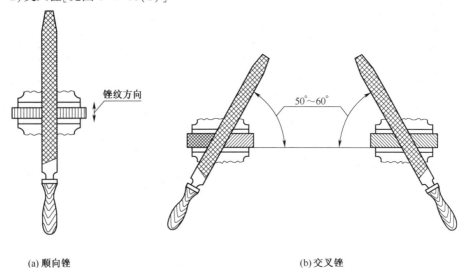
(a)顺向锉　　　　　　　　　　　　　　　(b)交叉锉

图 1-4-10 平面的锉削方法

锉刀运动方向与工件夹持方向成30°~40°角,且锉纹交叉。由于锉刀与工件的接触面大,锉刀容易掌握平衡,同时,从锉痕上可以判断出锉削面的高低情况,便于不断地修正锉削部位。交叉锉法一般适用于粗锉,精锉时必须采用顺向锉,使锉痕变直,纹理一致。

5. 锉刀的保养

(1)新锉刀要先使用一面,用钝后再使用另一面。

(2)在粗锉时,应充分使用锉刀的有效全长,既可以提高锉削效率,又可以避免锉齿局部磨损。

(3)锉刀上不可沾油或沾水。

(4)如锉屑嵌入齿缝内必须及时用钢丝刷沿着锉齿的纹路进行清除。

(5)不可锉毛坯件的硬皮及经过淬硬的工件。

(6)铸件表面如有硬皮,应先用砂轮磨去或用旧锉刀和锉刀的有齿侧边锉去,然后再进行正常锉削加工。

(7)锉刀使用完毕时必须清刷干净,以免生锈。

(8)无论在使用过程中或放入工具箱时,不可与其他工具或工件堆放在一起,也不可与其他锉刀互相重叠堆放,以免损坏锉齿。

6. 锉削时的文明生产和安全生产知识

(1)锉刀是右手工具,应放在台虎钳的右面;放在钳台上时锉刀柄不可露在钳桌外面,以免掉落地上砸伤脚或损坏锉刀。

(2)没有装柄的锉刀、锉刀柄已经裂开或没有锉刀柄箍的锉刀不可使用。

(3)锉削时锉刀柄不能撞击到工件,以免锉刀柄脱落造成事故。

(4)不能用嘴吹锉屑,也不能用手擦摸锉削表面。

(5)锉刀不可作撬棒或手锤用。

四、锉平面的练习要领

用锉刀锉平面的技能、技巧必须通过反复的刻苦练习才能掌握,而把握要领的练习,可加快技能、技巧的掌握。

(1)掌握好正确的姿势和动作。

(2)做到正确和熟练运用锉削力,使锉削时保持锉刀的直线平衡运动。因此,在操作时注意力要集中,练习过程要用心研究。

(3)练习前了解几种锉面不平的具体因素,便于练习中分析改进,如表1-4-3所示。

表1-4-3　平面不平的形式和原因

形　式	产生的原因
平面中凸	(1)锉削时双手的用力不能使锉刀保持平衡; (2)锉刀在开始推出时,右手压力太大,锉刀被压下,锉刀推到前面,左手压力太大,锉刀被压下,形成前、后面多锉; (3)锉削姿势不正确; (4)锉刀本身中凹
对角扭曲或塌角	(1)左手或右手施加压力时重心偏在锉刀的一侧; (2)工件未夹持正确; (3)锉刀本身扭曲
平面横向中凸或中凹	锉刀在锉削时左右移动不均匀

五、垂直度的检查方法

锉削工件时,垂直度检测通常都采用刀口形角尺通过透光法来检查。检查时,刀口形角尺的内尺座面应紧贴工件基准面,然后移动刀口使内尺瞄与被测面接触,采用透光法检查被测面的垂直情况。测量时当内尺瞄与被测面接触时,测量力不宜过大,否则会引起测量误差(见图1-4-11)。

图1-4-11　用刀口形角尺检查垂直度

刀口形角尺在被检查平面上改变位置时,不能在平面上拖动,应提起后再轻放到另一检查位置,否则角尺的测量棱边容易磨损而降低其精度。

思考与练习

(1)用锉刀对工件表面进行切削加工称为锉削,锉削是钳工的一项重要基本操作,正确的姿势是掌握锉削技能的基础。查阅资料,了解锉削主要应用在哪些方面。

_____

_____

(2)请完成图1-4-12所示锉刀指引线的标注。

图　1-4-12

(3)请看图1-4-13所示锉刀的锉纹有无区别,请问在练习中应采用哪种锉纹进行加工?为什么?

_____

_____

(4)请写出图1-4-14所示各种锉刀的名称。

(5)请按照图1-4-15所示进行锉刀柄的装拆,在装拆锉刀柄时应注意哪些方面?

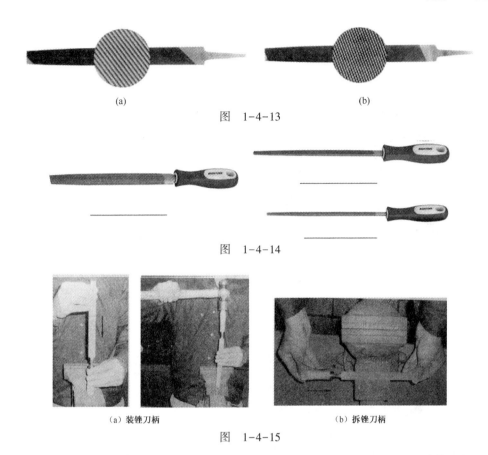

(6)某同学在锉刀使用过程中,不小心粘上了水,这样对锉刀有影响吗?请你查阅相关资料,写出锉刀在日常使用中应如何维护。

_____

_____

_____

_____

(7)图1-4-16所示零件在台虎钳上的装夹是否正确,请结合实际加工,说说圆钢在装夹时要注意哪些方面?

图 1-4-16

(8)图1-4-17(a)为某同学在锉削时的站立姿势,请对照图1-4-16(b),说出站立姿势是否合理,为什么?

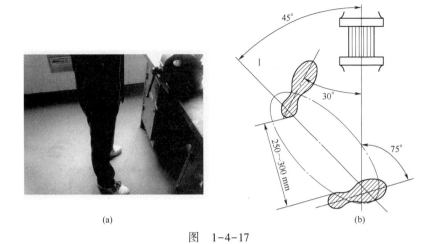

图　1-4-17

（9）图1-4-18所示为平面锉削的姿势,结合视频或老师示范,归纳出平面锉削姿势的要点。

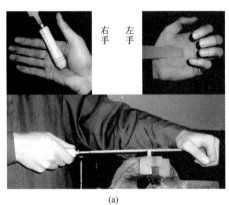

(a)

(b)

图　1-4-18

（10）小组讨论,说出在锉削时应遵守的安全文明生产相关规定。

课题 **五** 钻 孔

 学习目标

1. 能说出孔加工的特点及应用。
2. 能正确选择钻头,学会刃磨钻头。
3. 能掌握孔加工的工艺。
4. 能进一步提高孔的加工质量。

用钻头在钻床上对实体材料进行孔加工的操作称为钻孔。钻孔时的切削运动主要由两大运动组成:即主运动和进给运动。由于,在钻削过程中,工件被固定在钻床上,切削运动的完成主要由钻床主轴保证,所以,钻削时的主运动为钻床主轴(或钻头)的旋转运动;钻削时的进给运动为钻床主轴(或钻头)的轴向移动(见图1-5-1)。

钻削过程中,由于钻头处于半封闭的加工环境,加之钻削时的转速较高,切削余量较大,同时产生的切屑很难从孔底排出,所以,钻削加工时的特点如下:

(1)摩擦严重,需要较大的钻削力。

(2)产生热量较多,且传热、散热较困难,切削温度较高。

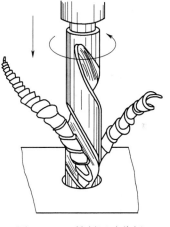

图1-5-1 钻削运动分析

(3)钻头的高速旋转和较高的切削温度造成钻头磨损严重。

(4)由于钻削时的挤压和摩擦,容易产生孔壁的冷作硬化现象,给下道工序增加困难。

(5)钻头的结构属于细长型,钻孔时容易引起振动现象,造成加工精度的下降。

(6)加工精度偏低,尺寸精度只能达到 IT10~IT11,表面粗糙度只能达到 Ra 25~100 μm。

一、普通麻花钻

普通麻花钻一般采用高速钢(W18Cr4V 或 W9Cr4V2)制成,经过淬火后,其硬度达到 62~68HRC。

1. 普通麻花钻的构成

普通麻花钻的结构主要由柄部、颈部以及工作部分组成,如图1-5-2所示。

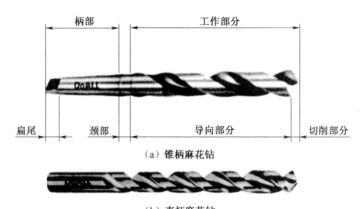

(a) 锥柄麻花钻

(b) 直柄麻花钻

图 1-5-2　麻花钻的构成

（1）柄部是钻头的夹持部分。在钻削过程中,经过装夹之后,用来定心和传递动力,根据普通麻花钻直径大小的不同,有锥柄和柱柄两种不同的形式。一般锥柄用于直径大于(或等于)13 mm 的钻头,而柱柄用于直径小于 13 mm 的钻头。

（2）颈部是普通麻花钻在磨制加工时遗留的退刀槽。一般普通麻花钻的尺寸规格、材料以及商标都标刻在颈部。

（3）普通麻花钻的工作部分又可以分为切削部分和导向部分。

①普通麻花钻的切削部分有两个刀瓣组成,每一个刀瓣都具有切削作用。普通麻花钻的切削部分主要有五刃六面组成,即:两条主切削刃、两条副切削刃和一条横刃,此为五刃;两个前刀面、两个后刀面以及两个副后刀面,此为六面,如图 1-5-3 所示。

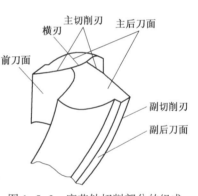

图 1-5-3　麻花钻切削部分的组成

前刀面:钻头切削加工时,切屑流经的表面(普通麻花钻上的两条螺旋槽)。

后刀面(主后刀面):钻头切削加工时,与工件上的加工表面相对的面。

副后刀面:钻头切削加工时,与工件上的已加工表面相对的面。

主切削刃:前刀面与后刀面之间的交线。

副切削刃:前刀面与副后刀面之间的交线。

横刃:两个后刀面之间的交线。

②普通麻花钻的导向部分主要用来保持普通麻花钻在切削加工时的方向准确。当钻头进行重新刃磨以后,导向部分又逐渐转变为切削部分。

导向部分的两条螺旋槽(即前刀面),主要起形成切削刃以及容纳和排除切屑的作用,同时也方便冷却润滑液沿螺旋槽流入至切削部分。

导向部分外缘的两条棱带(副后刀面),其直径在长度方向略有倒锥,倒锥量为每100 mm长度内,直径向柄部减少 0.05~0.1 mm。其目的在于减少钻头与孔壁之间的摩擦。

2. 标准麻花钻的切削角度

1)辅助平面

在测量麻花钻的切削角度时,主要利用其辅助平面进行测量。辅助平面包括基面、切削平面、主截面和柱截面。其中基面、切削平面和主截面三者互相垂直,如图1-5-4所示。

(1)切削平面:通过主切削刃上任一点的切削速度方向与钻刃构成的平面。

(2)基面:通过主切削刃上任一点,与切削速度方向垂直的平面。由于普通麻花钻两主切削刃不通过钻心,而是平行并相互错开一个钻心厚度,因此,钻头主切削刃上各点的基面是不同的。

(3)主截面:通过主切削刃上任一点,并垂直于切削平面和基面的平面。

(4)柱截面:通过主切削刃上任一点,做与钻头轴线平行的直线,该直线绕钻头轴线旋转所形成的圆柱面的切面即为柱截面。

2)标准麻花钻的切削角度(见图1-5-5)

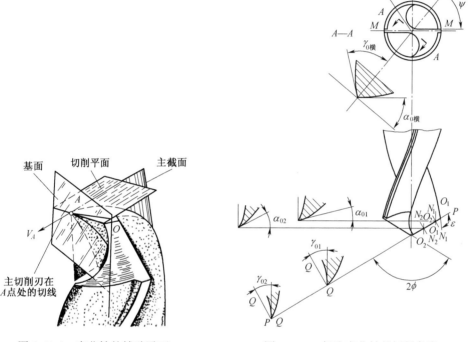

图1-5-4 麻花钻的辅助平面   图1-5-5 标准麻花钻的切削角度

(1)前角。在柱截面(N_1-N_1或N_2-N_2)内测量的,由刀具的前刀面与基面之间产生的夹角称为前角,用符号"γ_0"表示。

由于麻花钻的前刀面是一个螺旋面,沿主切削刃各点倾斜方向不同,所以主切削刃上各点前角的大小是不相等的:靠近外缘处前角最大,自外缘向中心逐渐减小,在钻心至$D/3$范围内为负值。前角大小决定切除材料的难易程度和切屑在前刀面上的摩擦阻力的大小。前角越大,切削越省力。

(2)后角。在柱截面内测量的,由刀具的后刀面与切削平面之间所产生的夹角称为后角(或主后角),用符号"α_0"表示。

主切削刃上各点的后角大小不相等,靠近外缘处的后角较小,越靠近钻心处,后角越大。后角的作用主要是控制钻头后刀面与工件的加工表面之间的摩擦,后角越小,刀具强度就越好,但刀具后刀面与工件的加工表面之间的摩擦就越厉害。

(3)锋角。标准麻花钻的锋角是两条主切削刃在其平行平面(M-M)上的投影之间的夹角,用符号"2ϕ"表示。

锋角的大小可以根据加工条件由刃磨钻头决定。标准麻花钻的锋角 $2\phi = 118°\pm2°$,此时,两条主切削刃呈直线形。若 $2\phi > 118°\pm2°$ 时,两条主切削刃呈内凹形,$2\phi < 118°\pm2°$ 时,两条主切削刃呈外凸形。锋角的大小影响主切削刃上轴向力(F_x)的大小,如图 1-5-6 所示,锋角越小,则轴向力越小,外缘处的刀尖角 ε 增大,有利于散热和提高钻头的耐用度。但是,锋角较小时,在相同的

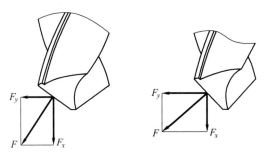

图 1-5-6　麻花钻锋角对轴向力的影响

条件之下,钻头所受的扭矩就会增大,切屑变形加剧,排屑困难,还会妨碍冷却润滑液的进入。

(4)横刃斜角。横刃斜角是横刃与主切削刃在钻头端面内的投影之间的夹角,用符号"ψ"表示。

横刃斜角是在刃磨钻头时由于钻心直径的影响而自然形成的,其大小与钻头的后角、锋角的大小有关。后角刃磨正确的标准麻花钻的横刃斜角 $\psi = 50° \sim 55°$,当后角偏大时,横刃斜角就会较小,继而使横刃的长度增加。

(5)刀尖角。刀尖角是钻头的主切削刃与副切削刃在中截面($M—M$)上的投影之间的夹角,用符号"ε"表示。

3. 标准麻花钻的缺点

(1)横刃较长,横刃处的前角为负值,在切削中,横刃处于挤刮状态,产生很大的轴向力,使钻头容易发生抖动,定心不良。

(2)主切削刃上各点的前角大小不一样,导致各点的切削性能不同。由于靠近钻心处的前角为负值,切削处于挤刮状态,切削性能较差,产生较大的切削热,使钻头磨损严重。

(3)钻头的副后角为零值,靠近切削部分的棱边与孔壁表面的摩擦比较严重,容易发热和磨损。

(4)主切削刃外缘处的刀尖角较小,前角很大,刀齿薄弱,而此处的切削速度却是最高的,所以产生的切削热最多,磨损极为严重。

(5)主切削刃较长,而且全宽参加切削。各点的切屑流出速度的大小和方向都不相同,会增大切屑的变形,所以切屑卷曲成很宽的螺旋卷,容易堵塞容屑槽,造成排屑困难。

4. 标准麻花钻的修磨

对麻花钻进行修磨,其目的主要在于改善刀具的切削性能。通常是按照钻孔的具体要求,在以下几个方面有选择地对钻头进行修磨。

1)修磨横刃

磨短横刃并增大靠近钻心处的前角(见图 1-5-7)经过修磨后,横刃的长度"b"为原来尺寸的 1/5~1/3,以减小轴向抗力和挤刮现象,提高钻头的定心作用和切削的稳定

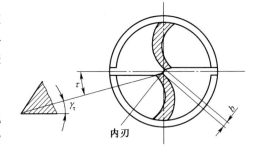

图 1-5-7　修磨横刃

麻花钻的刃磨

性。同时,在靠近钻心处形成内刃,形成一个角度值为20°~30°的内刃斜角"τ",内刃处的前角$\gamma_\tau = 0° \sim 15°$,切削性能得到改善。一般直径在5 mm以上的钻头都需要修磨横刃。

2)修磨主切削刃

修磨主切削刃的方法如图1-5-8所示,主要是磨出第二重锋角"$2\phi_0$"($2\phi_0 = 70° \sim 75°$)。在钻头外缘处磨出过渡刃($f_0 = 0.2d$),以增大外缘处的刀尖角,改善散热条件,增加刀齿强度,提高切削刃与棱边交角处的耐磨性,用以延长钻头寿命,减少孔壁的残留面积,有利于减小孔壁表面的粗糙度值。

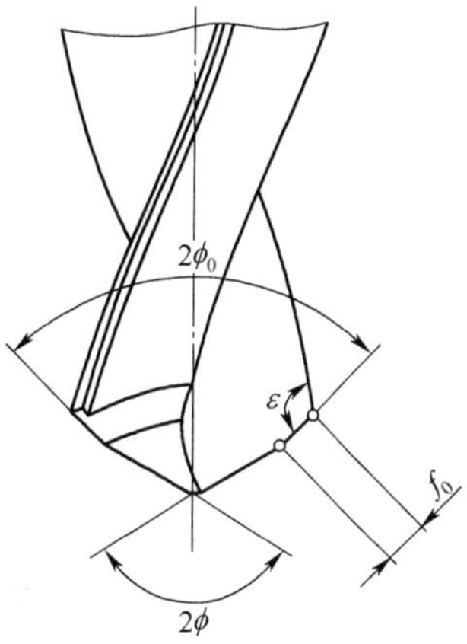

3)修磨棱边(见图1-5-9)

在靠近主切削刃的一段棱边上,修磨出一个角度值为6°~8°的副后角"α_{01}",同时保留棱边的宽度为原来的1/3~1/2,以减少棱边对孔壁表面的摩擦,提高钻头的使用寿命。

4)修磨前刀面(见图1-5-10)

修磨钻头外缘处的前刀面可以减小此处的前角值,提高刀齿的强度,在钻削黄铜零件时,还可以避免"扎刀"现象的产生。

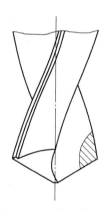

图1-5-8 修磨主切削刃

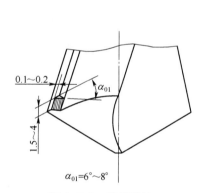

图1-5-9 修磨棱边

图1-5-10 修磨前刀面

5)修磨分屑槽

在钻头的两个后刀面上刃磨出几条相互错开的分屑槽,使切屑变窄,有利于切屑的顺利排出,如图1-5-11所示。

二、钻床

钻床是一种用途广泛的孔加工机床。钻床主要是用钻头切削加工精度要求不高的孔,此外,还

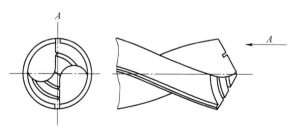

图1-5-11 修磨分屑槽

可以进行扩孔、锪孔、铰孔、攻螺纹以及锪平端面等操作。常用钻床按其结构形式可以分为台式钻床、立式钻床、摇臂式钻床等。

1. 台式钻床

台式钻床具有结构简单,操作方便等优点,主要用在小型零件上加工 $\phi 12$ mm 以下的孔。台式钻床的结构如图 1-5-12 所示。

台式钻床的主轴一共可以实现五级不同的转速(480~4 100 r/min),转速之间的转换主要依靠一组传动带轮,通过改变三角带在传动带轮中的位置来实现转速的调节,如图 1-5-13 所示。主轴下端安装有莫式 2 号短型圆锥,用来安装钻夹头。

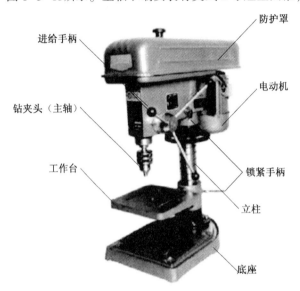

图 1-5-12 台式钻床

图 1-5-13 台式钻床的传动

2. 立式钻床

立式钻床的结构如图 1-5-14 所示。它的最大钻孔直径为 $\phi 25$ mm,主轴下端采用的是莫式 3 号锥轴。在加工时,立式钻床分别可以实现九种不同的主轴转速(97~1 360 r/min)和九种不同的主轴进给量(0.1~0.81 mm/r)。

立式钻床除了能实现主运动和进给运动以外,还有两个辅助运动,分别是:进给箱的升降运动和工作台的升降运动。

3. 摇臂钻床

摇臂钻床适用于加工中、小型零件,可以进行钻孔、扩孔、铰孔、锪平面以及攻制螺纹等工作。摇臂钻床的结构如图 1-5-15 所示。

摇臂钻床在使用过程中还可以实现三个辅助运动,分别为:摇臂绕内立柱 360°旋转、主轴箱沿摇臂水平导轨的移动以及摇臂沿丝杠的上下移动。

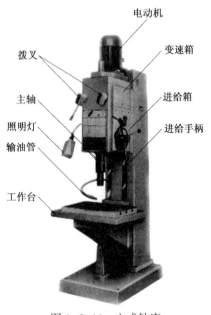

图 1-5-14 立式钻床

4. 钻床的维护与保养

(1)在使用过程中,工作台面必须保持清洁。

(2)钻通孔时必须使钻头能通过工作台面上的让刀孔,或在工件下面垫上垫铁,以免钻坏工作台面。

（3）使用完毕后必须将机床外露滑动面及工作台面擦干净,并对各滑动面及各注油孔加注润滑油。

三、钻削用量的选择

1. 钻削用量

钻削用量包括三个要素,即:切削速度、进给量和切削深度。

1)钻削时的切削速度

钻削时的切削速度是指钻孔时钻头直径上任一点的线速度,用符号"v"表示。其计算公式为

$$v = \frac{\pi Dn}{1000} \ (\text{mm/min})$$

式中:D——钻头直径(mm);

n——钻床主轴转速(r/min)。

2)钻削进给量

钻削进给量是指主轴每转一转,钻头对工件沿主轴轴线相对的移动量,用符号"f"表示。单位为 mm/r。

3)切削深度

切削深度是指工件上已加工表面与待加工表面之间的垂直距离(见图1-5-16),用符号"a_p"表示。对钻削来说,切削深度可按以下公式计算:

$$a_p = \frac{D}{2} \ (\text{mm})$$

式中:D——钻头直径(mm)。

2. 钻削用量的选择

1)钻削用量的选择原则

选择钻削用量的目的是在于保证加工精度和表面粗糙度精度以及在保证刀具合理使用寿命的前提之下,尽可能使生产效率最高,同时又不允许超过机床的功率和机床、刀具、工件等的强度和刚度的承受范围。

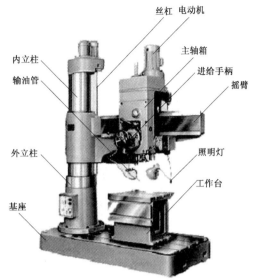

图1-5-15　摇臂钻床

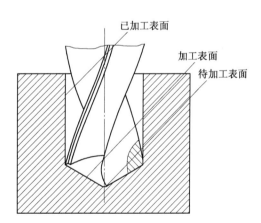

图1-5-16　钻削时的加工表面

钻孔时,由于切削深度已由钻头直径所决定,所以只需要选择切削速度和进给量。

对钻孔生产率的影响,切削速度v和进给量f是相同的;对钻头寿命的影响,切削速度v比进给量f大;对孔的表面粗糙度精度的影响,进给量f比切削速度v大。所以,综合以上的影响因素,钻孔时选择切削用量的基本原则是:在允许的范围内,尽量先选较大的进给量f,当进给量f受到表面粗糙度精度和钻头刚度的限制时,再考虑较大的切削速度v。

2)钻削用量的选择方法

(1)切削深度的选择

在钻孔过程中,可根据实际情况,先用符合公式$(0.5 \sim 0.7)D$的钻头进行钻底孔加工,

然后用直径为 D 的钻头将孔进行扩大加工。这样可以减小切削深度以及轴向力,保护机床,同时又可以提高钻孔质量。

（2）进给量的选择

孔的加工精度要求较高以及表面粗糙度值要求较小时,应选取较小的进给量;钻孔深度较深、钻头较长、钻头的刚度和强度较差时,也应选取较小的进给量。

（3）钻削速度的选择

当钻头直径和进给量被确定后,钻削速度应按照钻头的寿命选取合理的数值。当钻孔的深度较深时,应选取较小的切削速度。

四、钻孔时的冷却与润滑

在切削加工过程中,由于被切削金属层的变形、分离以及刀具和被切削材料之间的摩擦而产生的热量称为切削热。切削热主要通过切屑、刀具、工件、切削液和周围的空气传导出去。如果切削加工时不加切削液,则大部分的切削热主要由切屑传出。

切削热通过对切削温度的影响而影响切削过程。切削热传入刀具后,使刀具温度升高,当超过刀具材料所能承受的极限温度时,刀具材料的硬度将降低,并迅速丧失切削性能,使刀具磨损加快,使用寿命降低。切削热出入工件后,工件温度升高而产生热变形,影响工件的加工精度和表面质量。所以,必须对刀具和工件的温度升高加以控制。

合理选用切削液是控制切削温度升高的有效方法之一。为了提高切削加工效果而使用的液体称为切削液。切削液的作用是:

1）冷却作用

能带走大量的切削热,从而降低切削温度,延长刀具的使用寿命,同时能有效地提高生产效率。

2）润滑作用

能减小摩擦,降低切削阻力和切削热,减少刀具磨损,提高加工表面质量。

3）清洗作用

能及时冲洗掉切削过程中产生的细小切屑,以免影响工件表面质量和机床精度。

常用的切削液主要有水基和油基两种溶液。

钻孔加工时,由于加工材料和加工要求的不同,所以切削液的种类和作用也不同。

钻孔一般属于粗加工,同时又是在半封闭状态下加工,摩擦严重,散热困难,加工时应加入以冷却作用为主的切削液。

在高强度材料上钻孔时,因钻头的前刀面承受着较大的压力,要求加入的切削液能产生足够强度的润滑膜,用来减少摩擦和钻削阻力。因此,所选用的切削液应以起润滑作用的为主,通常可在切削液中增加硫、二硫化钼等成分,以增强切削液的润滑性能。

在塑性、韧性较大的材料上钻孔,要求加强润滑作用,可在切削液中加入适量的动物油或矿物油。

当孔的加工精度要求较高以及孔壁表面粗糙度值要求较小时,应选用主要起润滑作用的切削液,如动、植物油等。

五、钻孔的方法

1. 钻孔时的工件划线

按钻孔的位置尺寸要求,划出孔位的十字中心线,并打上中心样冲眼。为了便于在钻

钻孔的方法

孔时检查和借正钻孔的位置,可以按加工孔的直径的大小划出孔的圆周线,对于直径较大的孔,还可以划出几个大小不等的检查圆或检查方框(见图 1-5-17)。

2. 工件的装夹

钻孔时,根据工件的不同形状以及钻削力的大小(或钻孔的直径的大小)等情况,采用不同的装夹(定位和加紧)方法,以保证钻孔的质量和安全。常用的基本装夹方法如图 1-5-18 所示。

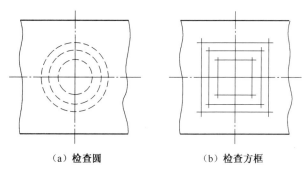

（a）检查圆　　　　　　（b）检查方框

图 1-5-17　孔的检查线形式

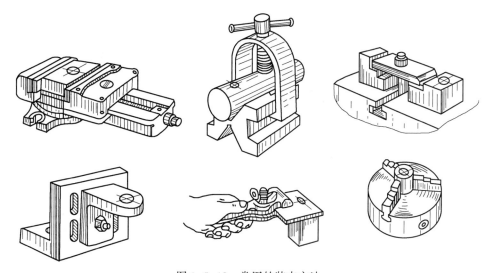

图 1-5-18　常用的装夹方法

3. 钻头的装拆

1)直柄钻头的装夹(见图 1-5-19)

直柄钻头用钻夹头夹持,其夹持长度不得小于 15 mm,使用钻夹头钥匙旋转外套,做夹紧或放松动作。

2)锥柄钻头的装夹(见图 1-5-20)

锥柄钻头用莫氏锥套直接与钻床主轴连接。当钻头锥柄小于主轴锥孔时,可加过渡套来连接。

4. 起钻的方法

钻孔时,先使钻头对准钻孔中心起钻出一个浅坑,观察钻孔位置是否正确,并要不断校正,使浅坑与划线圆同轴。借正方法:如果偏位较少,可在起钻的同时用力将工件向偏位的

麻花钻
的装拆

相反方向推移,达到逐步校正的目的;如果偏位较多,可在校正的方向上打上几个样冲眼或用油槽錾錾出几条槽,如图1-5-21所示,以减少此处的钻削阻力,达到校正目的。

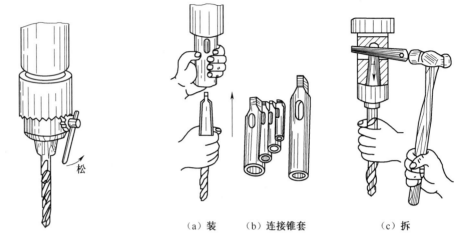

图1-5-19 直柄钻头装夹

（a）装　（b）连接锥套　（c）拆

图1-5-20 锥柄钻头装夹

5. 手动进给操作

当起钻达到钻孔的位置要求后,即可压紧工件完成钻孔。手动进给时,进给力不应使钻头产生弯曲现象,以免钻孔轴线歪斜,如图1-5-22所示;钻小直径孔或深孔时,进给力要小,并经常退钻排屑,以免切屑阻塞而扭断钻头;钻孔将穿时,进给力必须减小,以防止进给量突然增大,造成增大切削抗力,使钻头折断,或使工件随钻头转动造成事故。

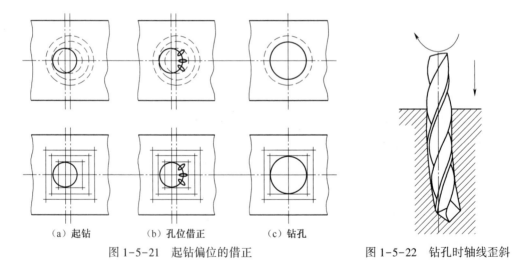

（a）起钻　（b）孔位借正　（c）钻孔

图1-5-21 起钻偏位的借正

图1-5-22 钻孔时轴线歪斜

六、钻削时的安全注意事项

（1）操作机床时不可带手套,袖口必须扎紧;女生必须戴工作帽。

（2）工件必须夹紧,特别在小工件上钻较大直径孔时装夹必须牢固,孔将钻穿时,要尽量减小进给力。

（3）开动钻床前,应检查是否有钻夹头钥匙或斜铁插在钻轴上。

（4）钻孔时不可用手和棉纱或用嘴吹来清除切屑,必须用毛刷清除,钻出长条切屑时,要用钩子钩断后除去。

（5）操作者的头部不准与旋转着的主轴靠得太近,停车时应让主轴自然停止,不可用手刹车,也不能用反转制动。

（6）严禁在开车状态下装拆工件,检验工件和变换主轴转速,必须在停车状况下进行。

（7）清洁钻床或加注润滑油时,必须切断电源。

七、标准麻花钻的刃磨

1. 标准麻花钻的刃磨要求

（1）锋角 $2\phi = 118° \pm 2°$。

（2）外缘处的后角 $\alpha_0 = 10° \sim 14°$。

（3）横刃斜角 $\psi = 50° \sim 55°$。

（4）钻头的两个刀瓣应刃磨对称（见图1-5-23）,否则,在钻孔时容易产生孔扩大或孔歪斜的现象,同时,由于两条主切削刃所受的切削抗力不均衡,造成钻头振动,从而加剧钻头的磨损。

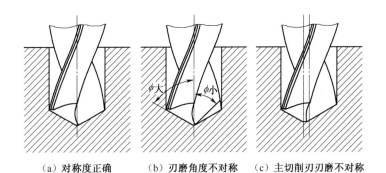

（a）对称度正确　　　（b）刃磨角度不对称　　　（c）主切削刃刃磨不对称

图1-5-23　钻头刃磨的对称度对钻孔加工的影响

（5）两个主后刀面要刃磨光滑。

2. 标准麻花钻的刃磨

1）钻头的握法

右手握住钻头的头部,左手握住柄部（见图1-5-24）。

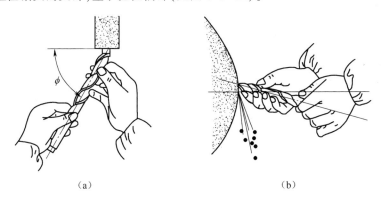

（a）　　　　　　　　（b）

图1-5-24　钻头刃磨时与砂轮的相对位置

2）钻头与砂轮的相对位置

钻头轴心线与砂轮圆柱母线在水平面内的夹角等于钻头锋角 2ϕ 的一半，被刃磨部分的主切削刃处于水平位置，如图1-5-24(a)所示。

3）刃磨动作

将主切削刃在略高于砂轮水平中心平面处先接触砂轮，如图1-5-24（b）所示，右手缓慢地使钻头绕自身轴线由下向上转动，同时施加适当的刃磨压力，以使整个后刀面都能磨到，左手配合右手做缓慢的同步下压运动，刃磨压力逐渐加大，便于磨出后角，其下压的速度及其幅度随要求的后角大小而变。为保证钻头靠近中心处磨出较大的后角，还应做适当的右移运动。刃磨时两手动作的配合要协调、自然。刃磨时还应注意两个后刀面的对称。

4）修磨横刃

钻头轴线在水平面内与砂轮侧面左倾大约15°角，在垂直平面内与刃磨点的砂轮半径方向大约成55°下摆角，如图1-5-25所示。

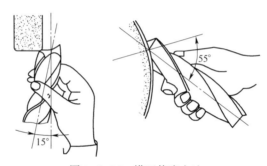

图1-5-25　横刃修磨方法

5）钻头冷却

钻头刃磨压力不宜过大，并要经常蘸水冷却，以防止因过热引起退火而造成钻头的硬度降低。

3. 标准麻花钻的刃磨质量检验

钻头的几何角度以及两条主切削刃的对称等要求，可利用检验样板进行检验，如图1-5-26所示，但在刃磨的过程中最经常采用的还是目测的方法。目测检验时，把钻头的切削部分向上竖立，两眼平视，由于两主切削刃一前一后会产生视觉误差，往往感到前面的主切削刃略高于后面的主切削刃，所以要旋转180°后反复查看，如果经几次检验，结果都一样，说明钻头两主切削刃是对称的。钻头外缘处的后角要求，可对外缘处靠近刃口部分的后刀面的倾斜情况直接目测。靠近中心处的后角要求，可通过控制横刃斜角的合理数值来保证。

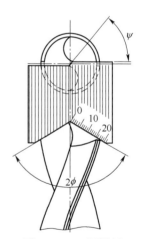

图1-5-26　用样板检验刃磨角度

思考与练习

（1）简述麻花钻各组成部分的名称及其作用。

(2)简述标准麻花钻的各切削角度,并试述其定义和相关作用。

(3)标准麻花钻在结构上有哪些缺点?对钻削有何不良影响?

(4)针对标准麻花钻的缺点,应采取怎样的修磨措施?

(5)钻床的主运动是什么?钻床的进给运动是什么?

(6)何谓钻削用量?选择钻削用量的原则是什么?

(7)什么是切削液?切削液的作用是什么?在钻孔过程中,应如何选用切削液?

(8)起钻时,如何借正钻孔的偏位?

(9)钻削时的安全注意事项是什么?

(10)标准麻花钻的刃磨要求是什么?

(11)简述标准麻花钻的刃磨方法。

(12)简述标准麻花钻的刃磨质量检验方法。

学习目标

1. 能说出孔加工的特点及应用。
2. 能正确选择钻头,学会刃磨钻头。
3. 能掌握孔加工的工艺。
4. 能进一步提高孔的加工质量。

一、扩孔

扩孔是用扩孔钻对工件上已有的孔进行扩大加工的一种孔加工方法,如图 1-6-1 所示。

扩孔时的切削深度 a_p 按如下公式计算:

$$a_p = \frac{D-d}{2}\ (\text{mm})$$

式中:D ——扩孔后的直径(mm);

d ——工件预加工时的底孔直径(mm)。

扩孔加工的特点:

(1)切削深度 a_p 较钻孔时大大减小,切削阻力小,切削条件大大改善。

(2)避免了横刃切削所引起的不良影响。

(3)产生切屑体积小,排屑容易。

二、扩孔钻

由于扩孔时,加工条件大大改善,所以扩孔钻的结构与标准麻花钻的结构相比有较大的改变,如图 1-6-2 所示为扩孔钻工作部分的结构,其结构特点是:

(1)因钻头中心不参与切削,所以钻头没有横刃,切削刃只做成靠近边缘的一段。

(2)因扩孔加工时产生的切屑体积较小,不需要大的容屑槽,从而使扩孔钻在制造时可以加粗钻芯,提高刚度,使钻头在切削加工时,增强钻头的稳定性。

(3)由于容屑槽较小,扩孔钻可以做出较多的刀齿,增强切削加工时刀具的导向作用。一般整体式扩孔钻有 3~4 个刀齿。

(4)因为切削深度 a_p 较小,切削角度可取较大值,使切削省力。

由于以上原因,扩孔的加工质量比钻孔高。一般尺寸精度可达到 IT9~IT10,表面粗糙度可达到 $Ra\ 6.3~25\ \mu m$,因此扩孔加工常作为孔的半精加工或是铰孔前的预加工。

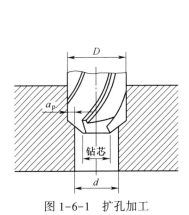

图 1-6-1 扩孔加工

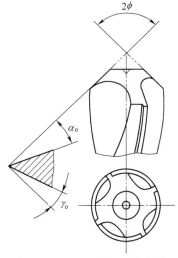

图 1-6-2 扩孔钻的工作部分

锪孔

扩孔时的进给量为钻孔时的 1.5~2 倍,切削速度为钻孔时的 1/2。

实际生产中,为了节约成本,经常采用标准麻花钻代替扩孔钻来使用。

三、锪孔

用锪孔钻锪平孔的端面或切出沉孔的方法称为锪孔。常见的锪孔应用如图 1-6-3 所示。

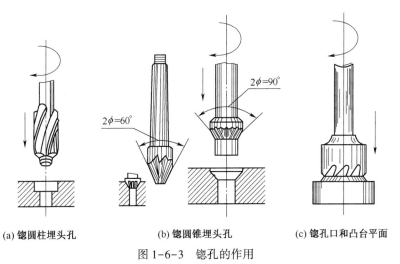

(a) 锪圆柱埋头孔　　　　(b) 锪圆锥埋头孔　　　　(c) 锪孔口和凸台平面

图 1-6-3 锪孔的作用

锪孔的目的是保证孔端面与孔中心线的垂直度,以便与孔连接的零件在装配时,能保证整齐的外观,结构紧凑,同时使装配位置正确,连接可靠。

四、锪钻的种类和特点

常用的锪钻有柱形锪钻、锥形锪钻和端面锪钻三种。

1. 柱形锪钻

用来加工圆柱形埋头孔的锪钻称为柱形锪钻,其结构如图 1-6-4 所示。

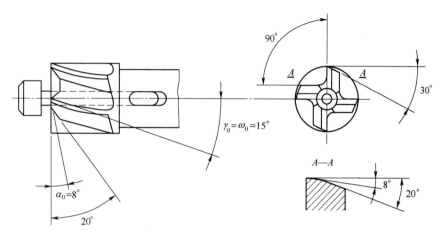

图 1-6-4　柱形锪钻

柱形锪钻起主要切削作用的是端面刀刃,螺旋槽的斜角就是锪钻的前角($\gamma_0 = \omega_0 = 15°$),后角 $\alpha_0 = 8°$。锪钻前端有导柱,导柱直径与工件上已有孔为紧密的间隙配合,以保证良好的定心和导向作用。一般导柱是可拆卸的,也可以把导柱和锪钻做成一体。

2. 锥形锪钻

用来加工圆锥形埋头孔的锪钻称为锥形锪钻,其结构如图 1-6-5 所示。锥形锪钻的锥角(2ϕ)按工件锥形埋头孔加工要求不同,有 60°、75°、90°、120° 四种,其中 90° 的锥角应用得最为广泛。锥形锪钻直径 d 在 12~60 mm 之间,刀齿齿数为 4~12 个,前角 $\gamma_0 = 0°$,后角 $\alpha_0 = 6°~8°$。为了改善钻尖处的容屑条件,每隔一个刀齿将刀刃切去一块。

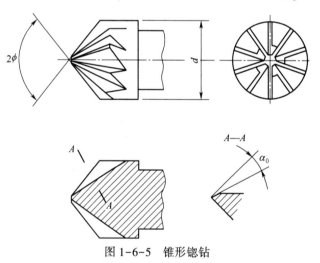

图 1-6-5　锥形锪钻

3. 端面锪钻

专门用来锪平孔口端面的锪钻称为端面锪钻,如图 1-6-5 所示。端面锪钻的端面刀齿为主切削刃,前端装有导柱,用来提高切削时的导向定心作用,从而保证孔口端面与孔中心线之间的垂直度。

五、用麻花钻改磨锪钻

标准锪钻虽然有多种规格可供选用,但一般只使用于成批大量生产,不少场合经常采用普通麻花钻改制的锪钻进行锪孔加工。

1. 麻花钻改磨柱形锪钻

如图1-6-6所示为用麻花钻改磨的柱形锪钻。改磨后的锪钻不带导柱,刃磨后的角度为:第一重后角磨成 $\alpha_0 = 6° \sim 8°$,其对应的后刀面宽度为 $1 \sim 2$ mm,第二重后角磨成 $\alpha_1 = 15°$,外缘处的前角修整为 $\gamma_0 = 15° \sim 20°$。

2. 麻花钻改磨锥形锪钻

如图1-6-7所示为用麻花钻改磨而成的锥形锪钻主要是保证其锋角 2ϕ 应与要求的锥角一致,两切削刃要刃磨对称,同时刃磨后的角度为:第一重后角磨成为 $\alpha_0 = 6° \sim 10°$,对应的后刀面宽度为 $1 \sim 2$ mm,第二重后角磨成为 $\alpha_1 = 15°$,外缘处的前角修整为 $\gamma_0 = 15° \sim 20°$。

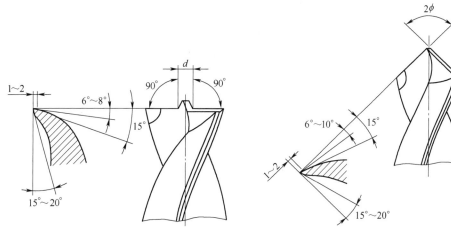

图1-6-6 麻花钻改磨柱形锪钻   图1-6-7 麻花钻改磨锥形锪钻

在用普通麻花钻改磨锪钻时,为了减少切削时的振动,刃磨时一般都磨成双重后角 α_0 和 α_1,并将外缘处前角 γ_0 适当修磨,以防止切削时产生扎刀现象。

六、锪孔时的工作要点

锪孔时存在的主要问题是所锪的端面或锥面出现振痕,使用麻花钻改磨的锪钻时,振痕尤为严重。因此在锪孔时应注意以下事项:

(1)锪孔时,进给量为钻孔时的 $2 \sim 3$ 倍,切削速度为钻孔时 $1/3 \sim 1/2$。精锪时,往往利用钻床停车后主轴的惯性来锪孔,以减少振动而获得光滑的加工表面。

(2)尽量选用较短的钻头来改磨锪钻,并注意修磨前刀面,减小前角,以防止扎刀和振动现象的产生。还应选用较小的后角,防止多边形(或多角形)。

(3)加工塑性材料时,因产生的切削热量比较大,加工过程中应在导柱和切削表面之间加注切削液。

思考与练习

(1)扩孔比钻孔在切削性能上有哪些优点?

(2)扩孔钻的结构特点有哪些？

(3)扩孔加工时,切削用量的选择应注意哪些要求？

(4)什么是锪孔？锪孔的形式有哪些？锪孔的目的是什么？

(5)简述锪钻的种类与用途。

(6)锪孔存在的主要问题是什么？锪孔加工时有哪些注意事项？

课题 **七** 铰 孔

1. 能说出铰孔加工的特点及应用。

2. 能正确选择铰刀,学会刃磨铰刀。

3. 能掌握铰孔加工的工艺。

4. 能进一步提高孔的铰孔加工质量。

用铰刀从工件孔壁上切除微量金属层,以提高其尺寸精度和降低表面粗糙度的方法称为铰孔。由于铰刀的刀齿数量多,切削余量小,所以,铰削时产生的切削阻力小,导向性好,故加工精度高,一般可以达到 IT7~IT9 级,表面粗糙度精度可以达到 Ra 1.6 μm。

一、铰刀的种类及结构特点

铰刀的种类很多,钳工常用的有以下几种:

1. 整体式圆柱铰刀

整体式圆柱铰刀分为机用铰刀和手用铰刀两种,其结构如图 1-7-1 所示。

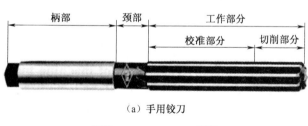

(a) 手用铰刀

(b) 机用铰刀

图 1-7-1 整体式圆柱铰刀

1) 切削锥角(2ϕ)

切削锥角 2ϕ 决定铰刀切削部分的长度,对切削力的大小和铰削质量也有较大影响。适当减小切削锥角 2ϕ 是获得较小表面粗糙度值的重要条件。一般手用铰刀的 $\phi = 30' \sim 1°30'$,这样定心作用较好,铰削时轴向力也较小,切削部分较长。机用铰刀铰削钢或其他韧性材料的通孔时,$\phi = 15°$;铰削铸铁或其他脆性材料的通孔时,$\phi = 3° \sim 5°$。机用铰刀铰削盲孔(不通孔)时,为了使铰出的孔的圆柱部分尽量长,要采用 $\phi = 45°$ 的铰刀。

2)切削角度

铰孔切削余量很小,切屑变形也较小,一般铰刀切削部分前角 $\gamma_0 = 0° \sim 3°$,校准部分前角 $\gamma_0 = 0°$,使铰削近似于刮削,以减小孔壁粗糙度,铰刀切削部分和校准部分的后角都磨成 $\alpha_0 = 6° \sim 8°$,如图 1-7-2 所示。

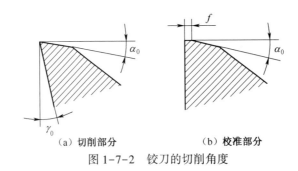

（a）切削部分　　　　　　（b）校准部分

图 1-7-2　铰刀的切削角度

3)校准部分刃带宽度(f)

校准部分的刀刃上留有无后角的棱边。其作用是引导铰刀的铰削方向和修整孔的尺寸,同时也便于测量铰刀的直径。一般铰刀的刃带宽度 $f = 0.1 \sim 0.3$ mm。

4)倒锥量

为了避免铰刀校准部分的后刀面摩擦孔壁,所以在校准部分磨出一定量的倒锥量。机用铰刀铰孔时,因切削速度较高,导向主要由机床保证。为了减小摩擦和防止孔口扩大,其校准部分做得较短,倒锥量较大(0.04 ~ 0.08 mm),校准部分有圆柱形校准部分和倒锥形校准部分两段。手用铰刀由于切削速度低,铰削过程中全靠校准部分起主要导向作用,所以校准部分较长,整个校准部分都做成倒锥,倒锥量较小(0.005 ~ 0.008 mm)。

5)标准铰刀的刀齿数(Z)

当铰刀直径 $D < 20$ mm 时,铰刀齿数 $Z = 6 \sim 8$;当铰刀直径 $D > 20 \sim 50$ mm 时,铰刀齿数 $Z > 8 \sim 12$。为了便于测量铰刀的直径,铰刀齿数应取偶数。

一般手用铰刀的齿距在圆周上是不均匀分布的,如图 1-7-3(b)所示。采用齿距不均匀分布的铰刀,能获得较高的铰孔质量。这是因为被铰孔的材料各处的密度不可能完全一样,铰削时,当铰刀刀齿碰到材料中夹杂的某些硬点或孔壁上经粗钻后黏留下来的切屑时,铰刀会产生径向退让,使各刀齿在孔壁上切出轴向凹痕。此时,如果使用的铰刀刀齿是采用齿距均匀分布的形式,则在继续铰削的过程中,各个刀齿每转到此处都会使铰刀重复产生径向退让,各刀齿重复切入孔壁上已经切出的轴向凹痕,使铰出的孔成多角形;若使用的铰刀采用的是不均匀分布的刀齿形式时,铰刀重复产生径向退让时各刀齿不会重复切入已经切出的凹痕,相反,还能将凹痕铰光,从而得到较高的铰孔质量。

机用铰刀工作时靠机床带动,由于锥柄是与机床主轴锥孔连接在一起,因此受到的径向退让影响较小,为了制造方便,一般都做成等距分布的刀齿,如图 1-7-3(a)所示。

6)铰刀的直径(D)

铰刀的直径是铰刀最基本的结构参数,其精确的程度直接影响铰孔的精度。标准铰刀按直径公差分一、二、三号,直径尺寸一般留有 0.005 ~ 0.02 mm 的研磨量,待使用者按需要尺寸进行研磨。

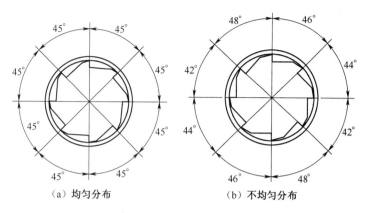

（a）均匀分布　　　　　（b）不均匀分布

图 1-7-3　铰刀刀齿的分布

铰孔后孔径有时可能收缩。如使用硬质合金铰刀、无刃铰刀或铰削硬材料时，挤压比较严重，铰孔后由于弹性复原而使孔径缩小。铰铸铁孔时加注煤油润滑，由于煤油的渗透性较强，铰刀与工件之间形成的油膜产生挤压作用，也会产生铰孔后孔径缩小现象。目前收缩量的大小尚无统一规定，一般应根据实际情况来决定铰刀直径。

铰孔后的孔径也有可能扩张。影响扩张量的因素很多，情况也比较复杂。如无把握确定铰刀直径时，最好通过试铰，按实际情况修正铰刀直径。

机用铰刀一般用高速钢制作，手用铰刀一般用高速钢或高碳钢制作。

2. 可调节式手用铰刀

整体式圆柱铰刀主要用来铰削标准直径系列的孔。在单件生产和修配工作中需要铰削少量的非标准孔，则应使用可调节式手用铰刀，如图 1-7-4 所示。

图 1-7-4　可调式手用铰刀

可调式手用铰刀的结构如图 1-7-5 所示，其刀体上开有斜底槽，具有同样斜度的刀片可放置在槽内，用调整螺母和压圈压紧刀片的两端。调节调整螺母，可使刀片沿斜底槽移动，则能改变铰刀的直径，用以适应加工不同孔径的需要。加工孔径的范围为 6.25 ~ 44 mm，直径的调节范围为 0.75 ~ 10 mm。刀片切削部分的前角 $\gamma_0 = 0°$，后角 $\alpha_0 = 8° ~ 10°$。校准部分的后角 $\alpha_0 = 6° ~ 8°$，倒棱宽度 $f = 0.25 ~ 0.4$ mm。

可调节的手用铰刀，刀体用 45 钢制作，直径小于或等于 12.75 mm 的刀片用合金工具钢制作，直径大于 12.75 mm 的刀片用高速钢制作。

3. 锥铰刀

锥铰刀用于铰削圆锥孔，常用的有以下几种：

1）1：50 锥铰刀

1：50 锥铰刀主要用来铰削圆锥定位销孔，其结构如图 1-7-6 所示。

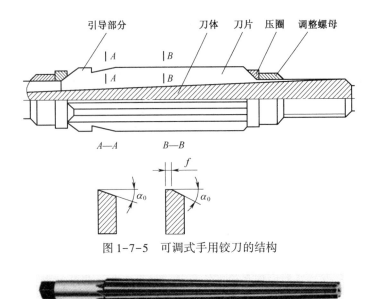

图 1-7-5　可调式手用铰刀的结构

图 1-7-6　1∶50 锥铰刀

2) 1∶10 锥铰刀

用来铰削联轴器上锥孔的铰刀。

3) 莫氏锥铰刀

用来铰削 0~6 号莫氏锥孔的铰刀,其锥度近似于 1∶20。

4) 1∶30 锥铰刀

用来铰削套式刀具上锥孔的铰刀。

用锥铰刀铰孔时,由于加工余量大,整个刀齿都作为切削刃进入切削,切削负荷大,所以,在切削加工过程中,每进刀 2~3 mm 应将铰刀取出一次,以清除切屑。1∶10 锥孔和莫氏锥孔的锥度大,加工余量更大,为了使铰削省力,这类铰刀一般制成 2~3 把一套,其中一把是精铰刀,其余是粗铰刀(见图 1-7-7),其中粗铰刀的刀刃上开有螺旋形分布的分屑槽,以减轻切削负荷。

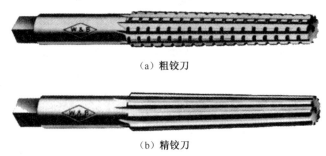

（a）粗铰刀

（b）精铰刀

图 1-7-7　成组铰刀

4. 螺旋槽手用铰刀

用普通直槽铰刀铰削带有键槽的孔时,因为刀刃会被键槽棱边钩住,从而造成铰削无法进行,因此,必须采用螺旋槽铰刀(见图 1-7-8)。

使用螺旋槽手用铰刀铰孔时,铰削阻力沿圆周均匀分布,铰削平稳,铰出来的孔壁表面

图 1-7-8 螺旋槽手用铰刀

光滑。一般螺旋槽的方向应是左旋,以避免铰削时因铰刀的正向转动而产生自动旋进的现象,同时,左旋刀刃容易使切屑向下,易将切屑推出孔外。

二、铰削用量

铰削用量包括铰削余量($2a_p$)、切削速度(v)和进给量(f)。

1. 铰削余量($2a_p$)

铰削余量是指上道工序(钻孔或扩孔)完成后留下的直径方向的加工余量。铰削余量不宜过大,因为铰削余量过大,会使刀齿切削负荷增大,变形增大,切削热增加,被加工表面呈撕裂状态,致使尺寸精度降低,表面粗糙度值增大,同时加剧铰刀的磨损。铰削余量也不宜过小,否则,上道工序的残留变形难以纠正,原有刀痕不能去除,铰削质量达不到要求。

选择铰削余量时,应考虑孔径的大小、材料的软硬程度、尺寸的加工精度、表面粗糙度要求以及铰刀的类型等诸多因素的综合影响。用普通标准高速钢铰刀铰孔时,可参考表 1-7-1 选取。

表 1-7-1 铰削余量 单位:mm

铰孔直径	<5	5~20	21~32	33~50	51~70
铰削余量	0.1~0.2	0.2~0.3	0.3	0.5	0.8

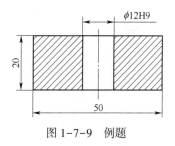

图 1-7-9 例题

此外,铰削余量的确定,与上道工序的加工质量有直接的关系。对铰削前预加工孔时出现的弯曲、锥度、椭圆和不光洁等缺陷,应有一定限制。铰削精度较高的孔,必须经过扩孔或粗铰,才能保证最后的铰孔质量。所以确定铰削余量时,还要考虑铰孔的工艺过程。

例:在材料厚度为 20 mm 的 Q235 钢板上加工一个通孔如图 1-7-9 所示,要求保证孔径为 ϕ12H9,试确定其加工步骤,并选择相应的刀具规格。

解:通过分析,加工该孔的步骤及相应的刀具规格见表 1-7-2。

表 1-7-2 例题零件的孔加工步骤

序号	步骤	刀具规格	说明
1	钻底孔	(ϕ6~ϕ8.4) 普通麻花钻	根据公式($0.5~0.7$)D计算得出结果,式中D为所加工孔的直径,这里为ϕ12
2	扩孔	(ϕ11.7~ϕ11.8) 扩孔钻	根据表6-3-1选择铰削余量为0.2~0.3 mm,再根据公式: $D-($0.2~0.3$)$算出结果,式中D为所加工孔的直径,这里为ϕ12
3	铰孔	ϕ12H9 整体式圆柱铰刀	直接按孔的加工要求选择铰刀

2. 机铰切削速度(v)

为了得到较小的表面粗糙度值,必须避免产生刀瘤,减少切削热以及变形,因而应采取较小的切削速度。采用高速钢铰刀铰削钢件时,选择 $v=4\sim8$ m/min;铰削铸铁件时,选择 $v=6\sim8$ m/min;铰削铜件时,选择 $v=8\sim12$ m/min。

3. 机铰进给量(f)

进给量要适当,过大则铰刀容易磨损,也影响加工质量;过小则很难切下金属材料,形成对材料挤压,使其产生塑性变形和表面硬化,最后形成刀刃撕去大片切屑,使表面粗糙度增大,并加快铰刀磨损。

机铰钢件及铸铁件时, $f=0.5\sim1$ mm/r;机铰铜件或铝件时, $f=1\sim1.2$ mm/r。

（a）绞杠

三、铰削操作方法

（1）手用铰刀装夹在铰杠上,如图 1-7-10 所示。

（2）在手铰铰削前,可采用单手对铰刀施加压力,所施压力必须通过铰孔轴线,同时转动铰刀使铰刀起铰,如图 1-7-11 所示。正常铰削时,两手用力要均匀、平稳地旋转,不得有侧向压力,同时适当加压,使铰刀均匀地进给,如图 1-7-12 所示,以保证铰刀正确切削,获得较小的表面粗糙度值,并避免孔口形成喇叭形或将孔径扩大。

（b）装夹手用铰刀

图 1-7-10　手用铰刀的装夹

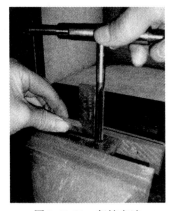

图 1-7-11　起铰方法

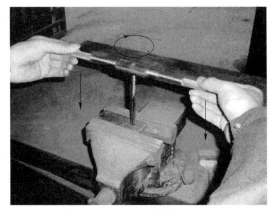

图 1-7-12　铰削方法

（3）铰刀铰孔或退出铰刀时,铰刀均不能反转,如图 1-7-13 所示,以防止刃口磨钝或将切屑嵌入刀具后刀面与孔壁之间,将孔壁划伤。

（4）机铰时,应使工件一次装夹进行钻、铰工作,以保证铰刀中心线与钻孔中心线一致。铰削完毕后,要等铰刀退出后再停车,以防止将孔壁拉出痕迹。

（5）铰削尺寸较小的圆锥孔时,可先按小端直径钻出圆柱底孔,要求留有一定的铰削余量,然后再用锥铰刀铰削即可。对尺寸和深度较大的锥孔,为了减小铰削余量,铰孔前可先钻出阶梯孔(见图1-7-14),然后再用铰刀铰削。铰削过程中要经常用相配的圆锥销来检验铰孔的尺寸(见图1-7-15)。

(6)铰削时的切削液。铰削时必须选用适当的切削液来减少摩擦并降低刀具和工件的温度,防止产生积屑瘤并避免切屑细末黏附在铰刀刀刃上以及孔壁和铰刀的刃带之间,从而减小加工表面的表面粗糙度值与孔的扩大量。

图1-7-13 退铰方法

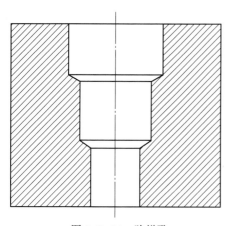

图1-7-14 阶梯孔

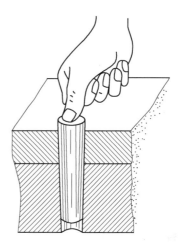

图1-7-15 用圆锥销检查铰孔尺寸

四、铰孔时常见的弊病分析

铰孔时常见废品的产生原因见表1-7-3。

表1-7-3 铰孔时常见废品的产生原因

废品形式	产生原因
粗糙度达不到要求	(1)铰刀刃口不锋利或有崩裂,铰刀切削部分和校准部分不光洁; (2)切削刃上黏有积屑瘤,容屑槽内切屑黏积过多; (3)铰削余量太大或太小; (4)切削速度太高,以致产生积屑瘤; (5)铰刀退出时反转,手铰时铰刀旋转不平稳; (6)润滑冷却液不充足或选择不当; (7)铰刀偏摆过大; (8)由于材料关系,不适宜用前角 $\gamma = 0°$ 或负前角铰刀
孔径扩大	(1)铰刀与孔的中心不重合,铰刀偏摆过大; (2)进给量和铰削余量太大; (3)切削速度太高,使铰刀温度上升,直径增大; (4)铰刀直径不符合要求

续表

废品形式	产生原因
孔径缩小	(1)铰刀超过磨损标准,尺寸变小仍继续使用; (2)铰刀磨钝后再使用,而引起过大的孔径收缩; (3)铰削钢料时加工余量太大,铰削完毕后内孔弹性恢复使孔径缩小; (4)铰削铸铁时使用煤油作为润滑液
孔中心不直	(1)铰孔前的预加工孔不直,铰削小孔时由于铰刀钢性较差,而未能使原有的弯曲度得到纠正; (2)铰刀的切削锥角太大,导向不良,使铰削时方向发生偏歪; (3)手铰时,两手用力不均匀
孔呈多棱形	(1)铰削余量太大和铰刀刀刃不锋利,使铰削发生"啃切"现象,或发生振动而出现多棱形; (2)钻孔不圆,使铰孔时铰刀发生弹跳现象; (3)钻床主轴振摆太大

思考与练习

(1)简述整体式圆柱手用铰刀的各部分名称和作用。

(2)铰削余量为什么不能太大或太小？应如何确定？

(3)机铰进给量为什么不能太大或太小？

(4)手工铰削操作时应注意哪些问题？

(5)试用量块组配下列尺寸:37.43 mm,58.315 mm,92.545 mm。

课题 八 螺 纹 加 工

攻螺纹
的方法

学习目标

1. 能说出螺纹孔加工的特点及应用。
2. 能正确选择丝锥。
3. 能掌握螺纹孔加工的工艺。
4. 能进一步提高螺纹孔的加工质量。

一、攻螺纹的工具

用丝锥在工件孔中切削出内螺纹的加工方法称为攻螺纹;用板牙在圆杆上切削出外螺纹的加工方法称为套螺纹。常用普通螺纹直径与螺距见表1-8-1。

表1-8-1　常用普通螺纹直径与螺距　　　　　　　单位:mm

公称直径 D、d			螺距 P	
第一系列	第二系列	第三系列	粗　牙	细　　　　牙
4			0.7	0.5
5			0.8	
6		7	1	0.75、0.5
8			1.25	1、0.75、(0.5)
10			1.5	1.25、1、0.75、(0.5)
12			1.75	1.5、1.25、1、(0.75)、(0.5)
	14		2	1.5、(1.25)、1、(0.75)、(0.5)
		15		1.5、(1)
16			2	1.5、1、(0.75)、(0.5)
20	18		2.5	2、1.5、1、(0.75)、(0.5)
24			3	2、1.5、1、(0.75)
		25		2、1.5、(1)
	27		3	2、1.5、1、(0.75)
30			3.5	(3)、2、1.5、1、(0.75)

续表

公称直径 D、d			螺距 P	
第一系列	第二系列	第三系列	粗　牙	细　　　牙
36			4	3、2、1.5、(1)
		40		(3)、(2)、1.5
42	45		4.5	(4)、3、2、1.5、(1)

注:①优先选用第一系列,其次是第二系列,第三系列尽可能不用;

　　②括号内尺寸尽可能不用;

　　③M14×1.25 仅用于火花塞。

1. 丝锥

丝锥是加工内螺纹的工具,有机用丝锥和手用丝锥两类。机用丝锥通常是用高速钢制成,一般是单独一支,其螺纹公差带分为 H1、H2、H3 三种。手用丝锥是碳素工具钢或合金工具钢制成,一般是由两支或三支组成一组,其螺纹公差带为 H4。

1)丝锥的构造

丝锥构造如图 1-8-1 所示,由工作部分和柄部组成。工作部分又分为切削部分和校准部分。

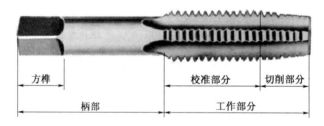

图 1-8-1　丝锥的构造

丝锥沿轴向开有几条容屑槽,以形成切削部分锋利的切削刃,起主切削作用。前端磨出切削锥角,切削负荷分布在几个刀齿上,使切削省力,便于切入。丝锥校准部分有完整的牙型,用来修光和校准已切出的螺纹,并引导丝锥沿轴向前进。

为了适用于不同工件材料,丝锥切削部分前角可按表 1-8-2 选取。

表 1-8-2　丝锥前角的选择

切削材料	铸青铜	铸铁	硬钢	黄铜	中碳钢	低碳钢	不锈钢	铝合金
前角	0°	5°	5°	10°	10°	15°	15°~20°	20°~30°

丝锥校准部分的大径、中径、小径均有(0.05~0.12):100 的倒锥,以减少与螺孔的摩擦减少所攻螺孔的扩涨量。

为了制造和刃磨方便,丝锥上的容屑槽一般做成直槽。有些专用丝锥为了控制排屑方向,做成螺旋槽,如图 1-8-2 所示。为了加工盲孔螺纹,使切屑向上排出,容屑槽做成右旋槽;加工通孔螺纹,为使切屑向下排出,容屑槽做成左旋槽。一般丝锥的容屑槽为 3~4 个。丝锥柄部有方榫,用以夹持。

2)成组丝锥切削用量的分配

为了减少切削力和延长使用寿命,一般将整个切削工作用量分配给几支丝锥来担当。通常 M6~M24 的丝锥每组有两支;M6 以下及 M24 以上的丝锥每组有三支;细牙螺纹丝锥

为两支一组。成组丝锥中,对每支丝锥切削用量的分配有两种方式:

(1)锥形分配如图1-8-3所示。一组丝锥中,每支丝锥的大径、中径、小径都相等,只是切削部分的切削锥角及长度不等。锥形分配切削量的丝锥又称等径丝锥。当攻制通孔螺纹时,用头攻(初锥)一次切削即可加工完毕,二攻(又称中锥)、三攻(底锥)则用得较少。一般M12以下丝锥采用锥形分配。一组丝锥中,每支丝锥磨损很不均匀。由于头攻能一次攻削成形,切削厚度大,切削变形严重,加工表面粗糙度差。

(2)柱形分配。柱形分配切削用量的丝锥又称不等径丝锥,即头攻、二攻的大径、中径、小径都比三攻

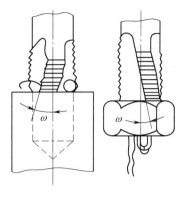

(a)右旋槽　　(b)左旋槽

图1-8-2　螺旋形容屑槽

小。头攻、二攻的中径一样,大径不一样:头攻大径小,二攻大径大,如图1-8-3(b)所示这种丝锥的切削用量分配比较合理,三支一套的丝锥按6:3:1分担切削用量,两支一套的丝锥按7.5:2.5分担切削量,切削省力,各锥磨损量差别小,使用寿命较长。同时末锥的两侧也参加少量切削,所以加工表面粗糙度值较小。一般M12以上的丝锥多属于这一种。

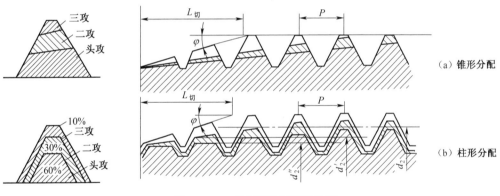

图1-8-3　成套丝锥切削量分配

(3)丝锥的种类。丝锥的种类很多,钳工常用的有机用、手用普通螺纹丝锥,圆锥管螺纹丝锥等。

机用和手用普通螺纹丝锥有粗牙、细牙之分,粗柄、细柄之分,单支、成组之分,等径、不等径之分。此外还有长柄机用丝锥、短柄螺母丝锥、长柄螺母丝锥等。

圆柱管螺纹丝锥与一般手用丝锥相近,只是其工作部分较短,一般为两支一组。圆锥管螺纹丝锥的直径从头到尾逐渐增大,呈圆锥形,牙型与丝锥轴线相垂直,以保证内外螺纹结合时有良好的接触。

(4)丝锥的标志。每一种丝锥都有相应的标志,弄清其所代表的内容,对正确使用选择丝锥是很重要。丝锥上标志的螺纹代号见表1-8-3。

2. 铰杠

铰杠是手工攻螺纹时用来夹持丝锥的工具,分为普通铰杠(见图1-8-4)和丁字铰杠(见图1-8-5)两类,丁字铰杠适用于在高凸台旁边或箱体内部攻螺纹。各类铰杠又可分为

固定式和活络式两种,活络式丁字铰杠用于 M6 以下丝锥,普通铰杠固定式用于 M5 以下的丝锥。

铰杠的方孔尺寸和柄的长度都有一定规格,使用时应按丝锥尺寸大小,可根据表 1-8-4 合理选用。

表 1-8-3 丝锥上标志的螺纹代号

标　　志	说　　明
机用丝锥 中锥 M10-H1	粗牙普通螺纹、直径 10 mm、螺距 1.5 mm、H1 公差带、单支、中锥机用丝锥
机用丝锥 2-M12-H2	粗牙普通螺纹、直径 12 mm、螺距 1.75 mm、H2 公差带、2 支一组等径机用丝锥
机用丝锥(不等径)2-M27-H1	粗牙普通螺纹、直径 27 mm、螺距 3 mm、H1 公差带、2 支一组不等径机用丝锥
手用丝锥 中锥 M10	粗牙普通螺纹、直径 10 mm 螺距 1.5 mm、H4 公差带、单支中锥手用丝锥
长柄机用丝锥　M6-H2	粗牙普通螺纹、直径 6 mm、螺距 1 mm、H2 公差带、长柄机用丝锥
短柄螺母丝锥　M6-H2	粗牙普通螺纹、直径 6 mm、螺距 1 mm、H2 公差带、短柄螺母丝锥
长柄螺母丝锥 1-M6-H2	粗牙普通螺纹、直径 6 mm、螺距 1 mm、H2 公差带、I 型长柄螺母丝锥

表 1-8-4 铰杠的选用

活络铰杠规格	150	225	275	375	475	600
适用的丝锥范围	M5~M8	> M8~M12	> M12~M14	> M14~M16	> M16~M22	M24 以上

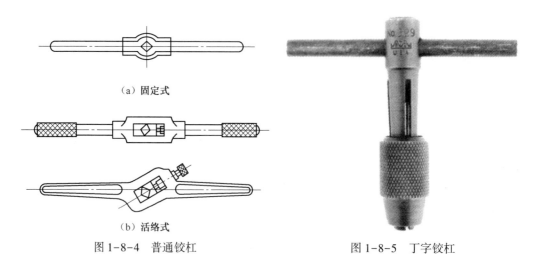

（a）固定式

（b）活络式

图 1-8-4 普通铰杠　　　　　　　　图 1-8-5 丁字铰杠

二、攻螺纹前底孔的直径和深度

攻螺纹时,丝锥在切削金属的同时,还伴随较强的挤压作用。因此,金属产生塑性变形形成凸起并挤向牙尖,如图 1-8-6 所示,使螺纹的小径小于底孔直径。

因此,攻螺纹前的底孔直径应稍大于螺纹小径,否则攻螺纹时因挤压作用,使螺纹牙顶

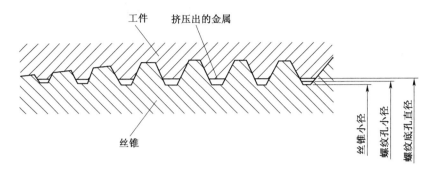

图 1-8-6 攻螺纹时的挤压现象

与丝锥牙底之间如果没有足够的容屑空间,则会将丝锥箍住,甚至折断丝锥。此种现象在攻塑性较大的材料时将更为严重。但是底孔不宜过大,否则会使螺纹牙型不够,降低强度。

底孔直径大小,要根据工件材料塑性大小及钻孔扩张量考虑,按经验公式计算得出:

(1)在加工钢和塑性较大的材料及扩张量中等的条件下

$$D_{钻} = D - P \tag{1-8-1}$$

式中:$D_{钻}$——攻螺纹钻螺纹底孔用钻头直径,mm;

D——螺纹大径,mm;

P——螺距,mm。

(2)在加工铸铁和塑性较小的材料及扩张量较小的条件下

$$D_{钻} = D - (1.05 \sim 1.1)P \tag{1-8-2}$$

常用英制螺纹攻螺纹前,钻底孔的钻头直径也可以从有关手册中查出。

攻螺纹底孔深度的确定(图1-8-7)。

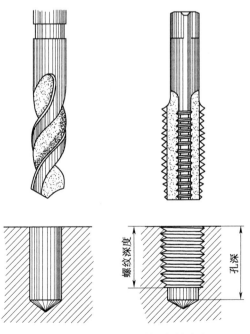

图 1-8-7 攻螺纹底孔深度的确定

攻盲孔螺纹时,由于丝锥切削部分有锥角,端部不能切出完整的牙型,所以钻孔深度要大于螺纹的有效深度。一般取

$$H_{钻} = h_{有效} + 0.7D \tag{1-8-3}$$

式中:$H_{钻}$——底孔深度,mm;

　　　$h_{有效}$——螺纹有效深度,mm;

　　　D——螺纹大径,mm。

例:分别计算在钢件和铸铁件上攻 M10 螺纹时的底孔直径各为多少? 若攻盲孔螺纹,其螺纹有效深度为50mm,求底孔深度为多少?

解:查表 1-8-1 可知 M10 的螺距为　　$P = 1.5$ mm

钢件攻螺纹底孔直径

$$D_{钻} = D - P = 10-1.5 = 8.5(\text{mm})$$

铸铁件攻螺纹底孔直径

$$D_{钻} = D - (1.05 \sim 1.1)P = 8.425 \sim 8.35(\text{mm})$$

取 $D_{钻} = 8.4(\text{mm})$（按钻头直径标准系列取一位小数）。

底孔深度

$$H_{钻} = h_{有效} + 0.7D = 50+0.7×10 = 67(\text{mm})$$

三、攻螺纹的方法

(1)划线,打底孔。

(2)在螺纹底孔的孔口倒角,通孔螺纹两端都倒角,倒角处直经可略大于螺孔大径,这样可使丝锥开始切削时容易切入,并可防止孔口出现挤压出的凸边。

(3)用头锥起攻。起攻时,可一手用手掌按住绞杠中部,沿丝锥轴线用力加压,另一手配合做顺向旋进[见图 1-8-8(a)];或两手握住绞杠两端均匀施加压力,并将丝锥顺向旋进[见图 1-8-8(b)]。应保证丝锥中心线与孔中心线重合,不致歪斜。在丝锥攻入 1~2 圈后,应及时从前后左右两个方向用 90°角尺进行检查[见图 1-8-8(c)],并不断校正。

(4)当丝锥的切削部分全部进入工件时,就不需要再施加压力,而靠丝锥做旋进切削。此时,两手旋转用力要均匀,并要经常倒转 1/4~1/2 圈,使切屑碎断后容易排除,避免因切削阻塞而使丝锥卡住。

攻螺纹时,必须以头锥、二锥、三锥顺序攻削至标准尺寸。在较硬的材料上攻螺纹时,可轮换各丝锥交替攻下,以减小切削部分负荷,防止丝锥折短。

攻盲孔时,可在丝锥上做好深度标记,并要经常退出丝锥,清除留在孔内的切屑,否则会因切削堵塞使丝锥折断或达不到深度要求。当工件不便倒向清屑时,可用弯曲的小管子吹出切屑,或用磁性针棒吸出。

攻韧性材料的螺孔时,要加切削液,以减小切削阻力,减小加工螺孔的表面粗糙度和延长丝锥寿命。攻钢件时用机油,螺纹质量要求高时可用工业植物机油,攻铸铁件可用煤油。

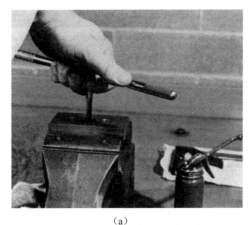
（a）

（b）

（c）

图 1-8-8　起攻方法

思考与练习

（1）试述丝锥各组成部分的名称及其作用。

（2）什么是等径丝锥？什么是不等径丝锥？

（3）用计算法确定下列螺纹攻螺纹前钻底孔的钻头直径：

①在钢件上攻 M16 的螺纹。

②在铸铁上攻 M16 的螺纹。

（4）计算在钢件上攻 M18 的螺纹时的底孔直径。若攻盲孔螺纹，其螺纹有效深度为 45 mm，求底孔深度为多少？

课题九 螺纹连接的装配

学习目标

1. 掌握螺纹的分类。
2. 能正确选择螺纹装拆的工、量具。
3. 能正确使用螺纹装拆的工、量具。

套螺纹
的方法

　　螺纹连接是一种可拆卸的固定连接,它具有结构简单、连接可靠、装拆方便等优点,在机械中应用广泛。螺纹连接分普通螺纹连接和特殊螺纹连接两大类:普通螺纹连接的基本类型有螺栓连接、双头螺柱连接等。

一、螺纹连接的装配技术要求

1. 保证一定的拧紧力距

　　为达到螺纹连接可靠和紧固的目的,要求牙间有一定摩擦力距,所以螺纹连接装配时应有一定的拧紧力距,使螺纹牙间产生足够的预紧力。

　　拧紧力距或预紧力的大小是根据使用要求确定的。一般紧固螺纹连接,不要求预紧力十分准确,而规定预紧力的螺纹连接,则必须用专门方法来保证准确的预紧力。

2. 有可靠的放松装置

　　螺纹连接一般都具有自锁性,在静载荷下,不会自行松脱,但在冲击、震动或交变载荷下,会使螺纹牙之间的正压力突然减小,以致摩擦力距减小,使螺纹连接松动。因此,螺纹连接应有可靠的放松装置,以防止摩擦力距减小和螺母回转。

3. 保证螺纹连接的配合精度

　　螺纹配合精度由螺纹公差带和旋合长度两个因素确定,分为精密、中等和粗糙三种(见图1-9-1)。

　　1)螺纹公差带

　　由相对于基本牙型的位置和大小确定。

　　2)螺纹旋合长度

　　两个相互配合的螺纹,沿螺纹轴线方向相互旋合部分的长度,称为螺纹旋合长度。按GB/T 197—2018规定,螺纹的旋合长度分为三种,分别称为短旋合长度、中等旋合长度和长旋合长度,相应的代号为S、N、L。

二、螺纹连接的装拆工具

　　由于螺栓、螺柱和螺钉种类繁多,形状各异,螺纹连接的装拆工具有很多。使用时应根

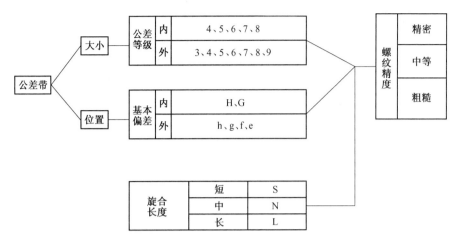

图 1-9-1　普通螺纹的公差结构

据具体情况选择合适的装拆工具。下面介绍几种常用的螺纹连接的装拆工具：

1. 螺钉旋具

它用于旋紧或松开头部带沟槽的螺钉。一般螺钉旋具的工作部分用碳素工具钢制成，并经淬火处理。常用的螺钉旋具如下：

1）一字槽螺钉旋具

如图 1-9-2(a)所示，由柄部、刀体和刃口组成，以刀体部分的长度代表其规格。常用规格有 100 mm、150 mm、200 mm、300 mm 和 400 mm 等几种。使用时，应根据螺钉沟槽的宽度选用相应的螺钉旋具。

2）其他螺钉旋具

图 1-9-2(b)所示为十字槽螺钉旋具，主要用来旋紧头部带十字槽的螺钉，其优点是旋具不易从槽中滑出。图 1-9-2(c)所示为弯头螺钉旋具，两头各有一个刃口，互成垂直位置，适合用于螺钉头部空间受到限制的拆装场合。

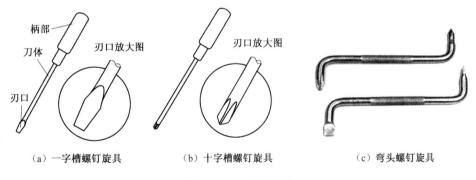

（a）一字槽螺钉旋具　　　　（b）十字槽螺钉旋具　　　　（c）弯头螺钉旋具

图 1-9-2　螺钉旋具

2. 扳手

扳手是用来旋紧六角形、正方形螺钉及各种螺母的，常用工具钢、合金钢或可锻铸铁制成，其开口处要求光整、耐磨。扳手分通用、专用和特殊三类。

1）活扳手

活扳手如图 1-9-3 所示。

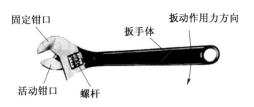

图 1-9-3   活扳手

活扳手的规格用扳手长度表示,见表 1-9-1。

表 1-9-1   活扳手的规格

长度	公制(mm)	100	150	200	250	300	375	450	600
	英制(吋)	4	6	8	10	12	15	18	24
开口最大宽度(mm)		14	19	24	30	36	46	55	65

使用活扳手时,应让其固定钳口承受主要作用力(见图 1-9-3)否则容易损坏扳手。钳口的开度应适合螺母对边间距尺寸,过宽会损坏螺母。不同规格的螺母,应选用相应规格的活扳手。扳手手柄不可任意接长,以免拧紧力距过大而损毁扳手或螺母。操作活扳手时,活动钳口容易歪斜,往往会损坏螺母或螺钉头部的表面。

2)专用扳手

专用扳手只能扳一个尺寸的螺母或螺钉,根据其用途的不同可分为:

(1)呆扳手。用于装拆六角形或方头的螺母或螺钉,如图 1-9-4(a)所示。它的开口尺寸是与螺母或螺钉的对边间距的尺寸相适应的,并根据标准尺寸做成一套。

(2)整体扳手。整体扳手可分为正方形、六角形、十二角形(梅花扳手)等,如图 1-9-4(b)所示梅花扳手只要转过 30°,就可改变方向再扳,适用于工作空间小,不能容纳普通扳手的场合,应用较为广泛。

(3)成套套筒扳手。由一套尺寸不等的美化套筒组成,如图 1-9-4(g)所示。使用时,扳手柄方榫插入梅花套筒的方孔内,弓形手柄能连续地转动,使用方便,工作效率较高。

(4)钳形扳手。专门用来锁紧各种结构的圆螺母,其结构多种多样,如图 1-9-4(c)、(d)、(e)所示。

(5)内六角扳手。如图 1-9-4(f)所示,用于装拆内六角螺钉。成套的内六角扳手,可提供装拆 M4~M30 的内六角螺钉。

除了以上介绍的普通扳手以外,在成批生产和装配流水线上广泛采用风动、电动扳手。为了满足不同需要,还可采用各种专用工具,如定扭矩扳手、液力拉伸器、装拆双头螺柱工具等。

三、螺纹连接装配工艺

1. 控制预紧力的方法

规定预紧力的螺纹连接,常用控制扭矩法、控制扭角法、控制螺栓伸长法来保证准确的预紧力。

1)控制扭矩法

用指针式扭力扳手使预紧力达到给定值[见图 1-9-5(a)]。工作时,由于扳手杆和刻度板一起向旋转的方向弯曲,因此指针就可在刻度板上指出拧紧力距的大小。

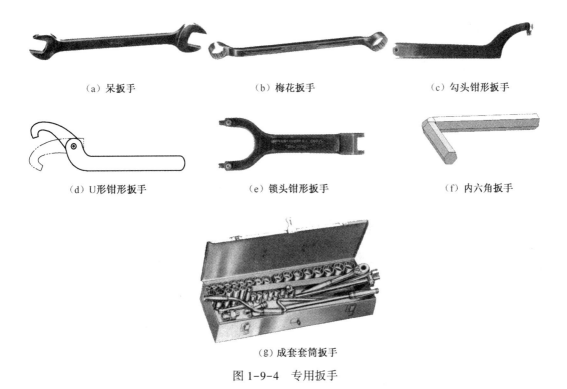

（a）呆扳手　　　　　　（b）梅花扳手　　　　　　（c）勾头钳形扳手

（d）U形钳形扳手　　　　（e）锁头钳形扳手　　　　　（f）内六角扳手

（g）成套套筒扳手

图 1-9-4　专用扳手

2）控制螺栓伸长法

通过控制螺栓伸长量来控制预紧力的方法。如图 1-9-5（b）所示，螺母拧紧前，长度为 L_1，按预紧力要求拧紧后，长度为 L_2。通过测量 L_1 和 L_2 便可确定拧紧力距是否准确。

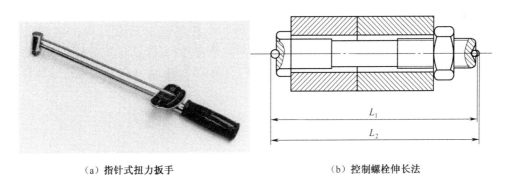

（a）指针式扭力扳手　　　　　　　　　（b）控制螺栓伸长法

图 1-9-5　控制预紧力的方法

2. 双头螺柱的装配要点

（1）应保证双头螺柱与机体螺纹的配合有足够的紧固性，保证在装拆螺母的过程中，无任何松动现象。

（2）双头螺柱的轴心线必须与机体表面保持垂直，装配时，可用直角尺进行检验，如发现较小的偏斜时，可用丝锥矫正螺孔后再装配，或将装入的双头螺柱校直至垂直。偏斜过大时，不得强行校正，以免影响连接的可靠性。

（3）装入双头螺柱时，必须用油润滑，以免旋入时产生咬住现象，也便于以后的拆卸。

（4）常用的拧紧双头螺柱的方法有以下几种：

①两个螺母拧紧。如图1-9-6(a)所示,将两个螺母相互锁紧在双头螺柱上,然后扳动上面一个螺母,把双头螺柱拧入螺孔中。

②长螺母拧紧。如图1-9-6(b)所示,用止动螺钉阻止长螺母与双头螺母之间的相对转动,然后扳动长螺母,旋转双头螺柱。松开止动螺钉,即可拆掉长螺母。

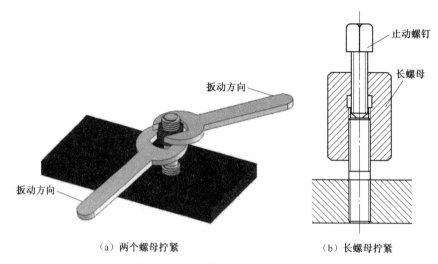

（a）两个螺母拧紧　　　　　　　　　　（b）长螺母拧紧

图1-9-6　拧紧双头螺柱的方法

3. 螺母和螺钉的装配要点

螺母和螺钉装配除了要按一定的拧紧力距来拧紧以外,还应注意以下几点:

(1)螺杆不产生弯曲变形,螺钉头部、螺母底面应连接接触良好。

(2)被连接件应均匀受压,互相紧密贴合,连接牢固。

(3)成组螺栓或螺母拧紧时,应根据被连接件形状和螺栓的分布情况,按一定的顺序逐次(一般为2~3)拧紧螺母(见图1-9-7)。在拧紧长方形布置的成组螺母时[见图1-9-7(a)]应从中间开始,逐渐向两边对称地扩展;在拧紧圆形或方形布置的成组螺母时[见图1-9-7(b)],必须对称地进行(如有定位销,应从靠近定位销的螺栓开始),以防止螺栓受力不一致,甚至变形。

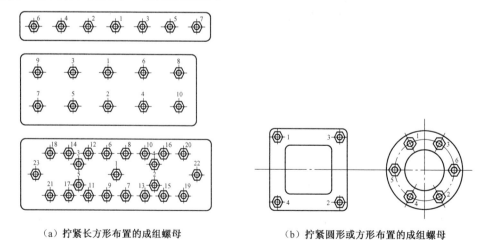

（a）拧紧长方形布置的成组螺母　　　　　（b）拧紧圆形或方形布置的成组螺母

图1-9-7　成组螺栓或螺母拧紧

4. 安装防松装置

螺纹连接用于有震动或有冲击的场合时,会发生松动,为防止螺钉或螺母松动,必须有可靠的放松装置。常用的螺纹防松装置有两类:

1)附加摩擦力防松装置

(1)锁紧螺母(双螺母)防松。这种装置使用主、副两个螺母,如图1-9-8(a)所示。先将主螺母拧紧至预定位置,然后再拧紧副螺母。由图1-9-8(a)可以看出,当拧紧副螺母后,在主、副螺母之间这段螺杆因受拉伸长,使主、副螺母分别与螺杆牙型的两个侧面接触,都产生正压力及摩擦力。当螺杆再受某个方面突加载荷时,就能始终保持足够的摩擦力,因而起到防松作用。这种防松装置由于要用两只螺母,增加了结构尺寸和重量,一般用于低速重载或较平稳的场合。

(2)弹簧垫圈放松。弹簧垫圈防松装置如图1-9-8(b)所示。把弹簧垫圈放在螺母下,当拧紧螺母时垫圈受压,产生弹力,顶住螺母,从而在螺纹副的接触面间产生附加摩擦力,以此防止螺母松动。同时斜口的楔角分别抵住螺母和支承面,也有助于防止回松。这种防松装置容易刮伤螺母和被连接件表面,同时由于弹力分布不均匀,螺母容易偏斜。它的构造简单,防松可靠,一般应用在不经常装拆的场合。

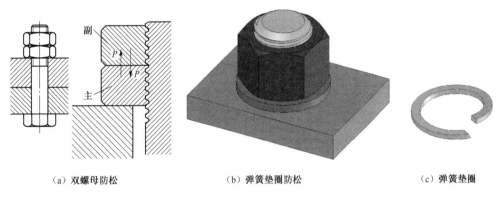

(a)双螺母防松　　　　　　　　(b)弹簧垫圈防松　　　　　　　　(c)弹簧垫圈

图1-9-8　附加摩擦力防松装置

2)机械方法防松的装置

这类防松装置是利用机械方法使螺母与螺栓(或螺钉)、螺母与被连接件互相锁牢,以达到放松的目的。常用的有以下几种:

(1)开口销与带槽螺母防松。这种装置用开口销把螺母直接锁在螺栓上,如图1-9-9(a)所示。它防松可靠,但螺杆上销孔上销孔位置不易与螺母最佳锁紧位置的槽口吻合。多用于有变载和震动处。

(2)止动垫圈防松。图1-9-9(b)所示为圆螺母止动垫圈防松装置。装置时,先把垫圈的内翅插入螺杆槽中,然后拧紧螺母,再把外翅弯入螺母外缺口内。

图1-9-9(c)所示为带耳止动垫圈防止六角螺母回松的装置。当拧紧螺母后,将垫圈的耳边弯折,并与螺母贴紧。这种方法防松可靠,但只能用于连接部分可容纳弯耳的场合。

(3)串联钢丝防松。如图1-9-9(d)所示,用钢丝连续穿过一组螺钉头部的径向小孔(或螺母和螺栓的径向小孔),以钢丝的牵制作用来防止回松,它适用于布置较紧的成组螺纹连接。

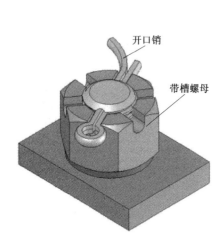

（a）开口销与带槽螺母防松

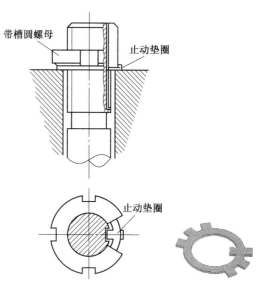

（b）圆螺母、止动垫圈防松

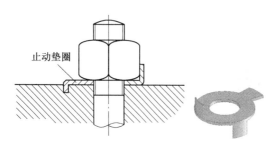

（c）六角螺母、止动垫圈防松

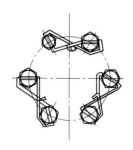

（d）串联钢丝防松

图 1-9-9　机械方法防松的装置

思考与练习

（1）螺纹连接的分类。

（2）对螺纹连接的装配技术要求有哪些？

（3）常用的螺纹连接的装拆工具有哪些？各应用于何种场合？

（4）重要的螺纹连接如何控制预紧力？

（5）双头螺柱的拧紧方法有哪几种？其原理是什么？

（6）简述成组螺栓或螺母的拧紧方法。

（7）螺纹连接松动的原因是什么？常用的防松方法有哪些？

課題 **十** 销连接的装配

1. 能说出销连接的装配技术要求。
2. 能正确使用销连接的工具。

　　销连接的主要作用是定位、连接或锁定零件,有时还可以作为安全装置中的过载剪断元件,如图1-10-1所示。销是一种标准件,形状和尺寸已标准化。销的种类较多,应用广泛,其中应用最多的是圆柱销及圆锥销。

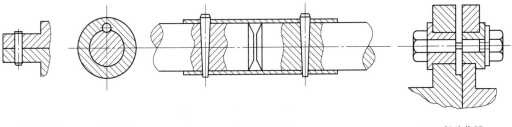

（a）定位作用　　（b）连接作用　　　　　（c）连接作用　　　　　（d）保险作用

图1-10-1　销连接的用途

一、圆柱销的装配

　　圆柱销一般依靠过盈固定在孔中,用以定位和连接(见图1-10-2)。对销孔尺寸、形状、表面粗糙度要求较高,所以销孔在装配前须铰削。一般被连接件的两孔应同时钻、铰,并使孔壁表面粗糙度值不高于 $Ra1.6\mu m$,以保证连接。在装配时,应在销子表面涂机油,用手锤或铜棒将销子轻轻打入。圆柱销不宜多次拆装,否则会降低定位精度和连接紧固程度,如图1-10-3(a)所示。

图1-10-2　圆柱销

二、圆锥销的装配

1. 装配

　　圆锥销装配时,两连接件的销孔也应一起钻、铰。钻孔时按圆锥销小头直径选用钻头(圆锥销以小头直径和长度表示规格),用1∶50锥度的铰刀铰孔。铰孔时,用试装法控制孔径。以圆锥销自由的插入全长的80%~85%为宜,如图1-10-3(b)所示。然后,用手锤敲入,销子的打头可稍微露出,或与被连接件表面平齐。

2. 拆卸

拆卸销孔为通孔中的圆柱销和圆锥销时,可从小头(圆锥销)向外敲出。拆卸销孔为盲孔中的带内螺纹的圆柱销和圆锥销时,可用拔销器拔出,如图 1-10-3(c)、(d)所示。

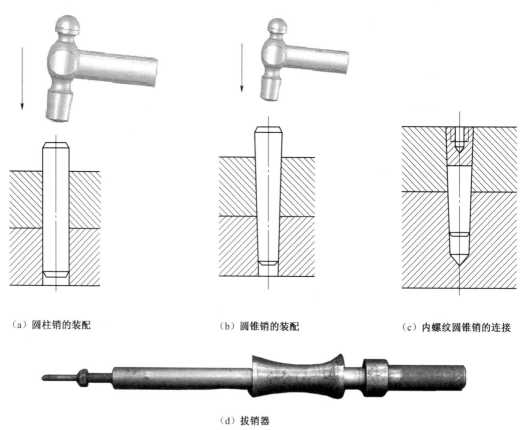

(a)圆柱销的装配　　　　　　(b)圆锥销的装配　　　　　　(c)内螺纹圆锥销的连接

(d)拔销器

图 1-10-3　圆柱销、圆锥销的装拆

思考与练习

(1)简述销连接的作用。

(2)为什么连接件的销孔在装配时要一起钻、铰?

(3)简述圆锥销装配要点。

课题十一　过盈连接的装配

圆柱销连接的装配

1. 掌握过盈连接的分类。
2. 能说出过盈连接的装配技术要求。
3. 能正确使用过盈连接的装配工具。

过盈连接是通过包容件(孔)和被包容件(轴)配合后的过盈值达到紧固连接的。装配后,轴的直径被压缩,孔的直径被胀大,包容件和被包容件因变形而使配合面间产生压力,工作时,此压力产生摩擦力传递扭矩、轴向力,如图1-11-1所示。

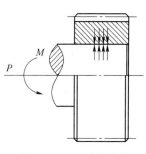

图1-11-1　过盈连接

过盈连接结构简单、同轴度高、承载能力强,能承受交变载和冲击力,同时可避免键连接中切削键槽而削弱零件强度的不足;但过盈连接配合表面的加工精度要求较高,装配较困难。过盈连接面多为圆柱面,也有圆锥面或其他形式。

一、过盈连接的装配技术要求

(1)准确的过盈值。配合的过盈值是按连接要求的紧固程度确定的。一般最小过盈 y_{min} 应等于或稍大于连接所需的最小过盈。过盈太小不能满足传递扭矩的要求,过盈量过大则造成装配困难。

(2)配合表面应具有较小的表面粗糙度值,并保证配合表面的清洁。

(3)配合件应有较高的形位精度,装配中注意保持轴孔中心线同轴度,以保证装配后有较高的对中性。

(4)装配前配合表面应涂油,以免装入时擦伤表面。

(5)装配时,压入过程应连续,速度稳定不宜太快,通常为2~4 mm/s,应准确控制压入行程。

(6)细长件或薄壁件须注意检查过盈量和形位偏差。装配时最好垂直插入,以免变形。

二、圆柱面过盈连接的装配

圆柱面过盈连接是依靠轴、孔尺寸差获得过盈,过盈量大小不同,采用的装配方法也不同。

1. 压入法

当过盈量及配合尺寸较小时,一般采用在常温下压入装配。常用压入方法和设备如图1-11-2所示。

图1-11-2(a)所示为用手锤加垫块冲击压入,其方法简便,但导向性不易控制,常出现歪斜。此法适于配合要求较低或配合长度较短的过渡配合连接,常用于单件生产。

图1-11-2(b)所示为手动压力机压入,其导向性比冲击压入好,生产率高。此法适于较紧的过渡配合和轻型过盈配合,如小尺寸的轮圈、轮毂、齿轮、套筒和一般要求的滚动轴承等,常用于成批生产。

图1-11-2(c)所示为液动压力机压入,此法适用于中型和大型的轻型和中型过盈配合的连接件,如车轮、飞轮、齿圈、轮毂、连杆衬套、滚动轴承等,多用于成批生产中。

（a）手锤加垫块冲击压入　　　　　　（b）手动压力机压入　　　　　　（c）液动压力机压入

图1-11-2　压入法

2. 热胀配合法

热胀配合法也称红套,是利用金属材料热胀冷缩的物理特性,将孔加热,使之胀大,然后将轴装入胀大的孔中,待孔冷却收缩后,轴孔就形成过盈连接。热胀配合的加热方法应根据过盈量及套件尺寸的大小选择。过盈量较小的连接件可放在沸水槽(80～100 ℃)、蒸气加热槽(120 ℃)和热油槽(90～320 ℃)中加热;过盈量较大的中、小连接件可放在电阻炉或红外线辐射加热箱中加热;过盈量大的中型和大型连接件可用感应加热器加热。

3. 冷缩配合法

冷缩配合法是将轴进行低温冷却,使之缩小,然后与常温孔装配,得到过盈连接。如过盈量小的小型连接件和薄壁衬套等装配可采用干冰将轴件冷至-78 ℃,操作简单。对于过盈量较大的连接件,如发动机连杆衬套可采用液氮将轴件冷至-195 ℃。

思考与练习

(1)什么是过盈连接? 简述过盈连接的装配技术要求。

(2)常用过盈连接的装配方法有哪些? 各应用于什么场合?

 学习目标

机床六点
夹具自定
心卡盘

学习目标

1. 掌握机床夹具各部分的作用。

2. 能说出夹具的使用技术要求。

3. 能掌握常用夹具的使用方法。

在机床上加工工件时,用来安装工件以确定工件与刀具的相对位置,并将工件夹紧的装置称为机床夹具。根据使用机床的不同,机床夹具可分为若干种类,其中在各类钻床上进行钻、扩、铰孔等加工的夹具称为钻床夹具。

一、机床夹具的组成

1. 定位元件

主要作用是保证工件在夹具中具有正确的加工位置,如图1-12-1所示的心轴。

2. 夹紧装置

主要作用是保证已经确定的工件加工位置在加工过程中不会发生变更,如图1-12-1所示机床夹具上端的紧固螺钉和开口垫圈。

3. 引导元件

主要作用是引导刀具与工件上加工位置相互对正,提高加工精度,同时还可增加刀具切削的稳定性。在钻床夹具中常采用钻套作为引导元件,如图1-12-1中所示钻套。

4. 夹具体

夹具体是夹具的基础件,它将上述各元件、装置连成一个整体,如图1-12-1所示的底座。

一般机床夹具至少由夹具体、定位元件和夹紧装置组成,引导元件或某些辅助装置,则根据夹具的作用和要求而定。

二、机床夹具的作用

1. 能保证较高的加工精度

采用机床夹具加工比划线找正加工的精度高,当成批生产时,零件加工精度稳定。

2. 能提高劳动生产效率以及降低加工成本

采用机床夹具后,可省略划线工序,减少找正所需的辅助时间,同时操作方便、安全、安装稳固,可加大切削用量,减少机动时间。

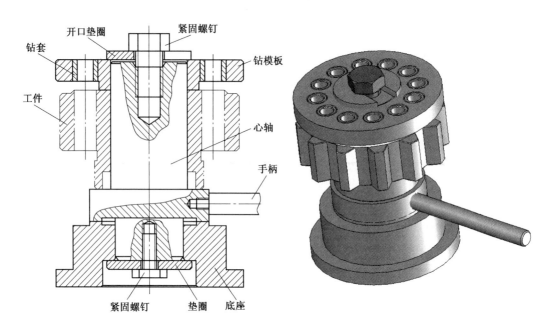

图 1-12-1　钻床夹具

3. 可以扩大机床加工范围

使用机床夹具后,可以实现一机多用,解决缺乏某种设备带来的困难,扩大机床的加工范围。

三、定位原理

装夹工件包含定位和夹紧两个过程。在加工工件以前,首先使工件在机床上与刀具相对处于正确的加工位置,这一过程称为定位。工件定位对工件加工的精度起着决定性的作用。

1. 六点定位原则

工件定位的实质,就是使工件在夹具中具有某个确定的正确的加工位置。在空间直角坐标系中,任何物体都可以沿 x、y、z 三个坐标轴移动,如图 1-12-2(a) 所示,或绕 x、y、z 三个坐标轴转动,如图 1-12-2(b) 所示,通常把这些运动的可能性称为自由度,分别用符号 $\vec{x}$、$\vec{y}$、$\vec{z}$ 表示沿三轴移动的自由度;用符号 $\hat{x}$、$\hat{y}$、$\hat{z}$ 表示绕三轴转动的自由度。所以任何一个物体在空间中,如果不加以任何限制,它具有六个自由度,因此,要使物体在空间具有确定的位置,就必须限制这六个自由度。

工件定位时,将对物体某个自由度加以限制的具体定位元件,抽象地转化为一个定位支承点。

分别用六个定位支承点限制六个自由度,使工件在夹具中的位置完全确定,称为六点定位原则,简称为六点原则。

2. 定位方法

工件在定位时,与定位元件接触的表面称为定位基准。定位方法的确定,主要根据定位基准的形状特点,确定定位支承点数目和布置方案,以保证工件定位稳定和定位误差最小。

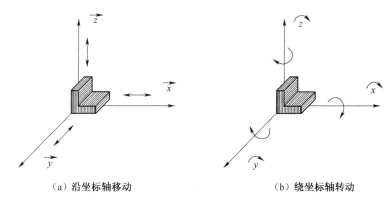

（a）沿坐标轴移动　　　　　　　（b）绕坐标轴转动

图 1-12-2　物体的自由度

1）长方体工件定位（见图 1-12-3）

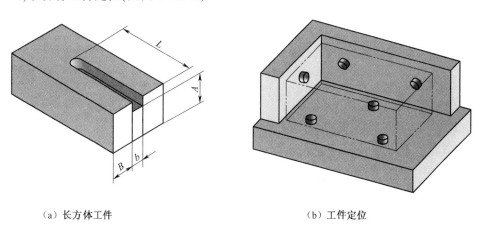

（a）长方体工件　　　　　　　　（b）工件定位

图 1-12-3　长方体工件定位

长方体工件定位时，选取三个表面作为定位基准面，这三个定位基准面分别为：

（1）在工件的 I 面上均匀布置三个支承点，限制工件的 $\widehat{x}$、$\widehat{y}$、$\vec{z}$ 三个自由度，以保证尺寸 A、槽底面与 I 面的平行度，该平面称为主要定位基准面。由于主要定位基准面通常要承受较大的切削力，所以往往选取工件上最大的表面作为主要定位基准面（如图 1-12-4 所示的 I 面）。

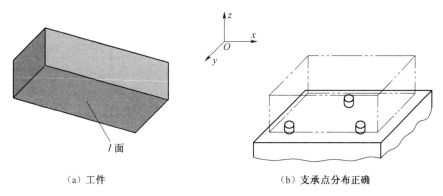

（a）工件　　　　　　　　　　（b）支承点分布正确

图 1-12-4　长方体工件定位时的主要定位基准面

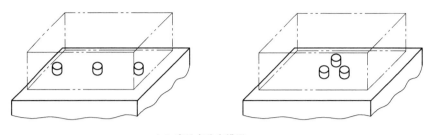

（c）支承点分布错误

图 1-12-4　长方体工件定位时的主要定位基准面（续）

（2）在工件的 II 面上布置两个支承点，可限制工件的 $\vec{y}$、$\overset{\curvearrowright}{z}$ 两个自由度，保证尺寸 B、槽侧面与 II 面的平行度，该平面称为导向基准面。一般选取工件上狭而长的表面作为导向基准面（如图 1-12-5 所示的 II 面）。

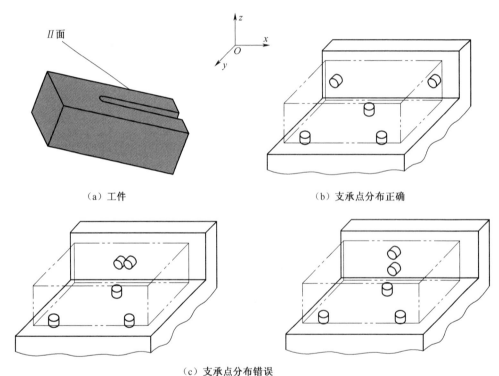

（a）工件

（b）支承点分布正确

（c）支承点分布错误

图 1-12-5　长方体工件定位时的导向基准面

（3）在工件的 III 面上布置一个支承点，可限制工件的 $\vec{x}$ 自由度，保证尺寸 L，该表面称为止推定位基准面。一般选取工件上最窄小，与切削力方向相对应的表面作为止推定位基准面（如图 1-12-6 所示的 III 面）。

2）轴类零件定位（见图 1-12-7）

为保证槽宽尺寸 b、槽宽对轴线对称度、槽侧面与轴线的平行度，需限制 $\vec{x}$、$\overset{\curvearrowright}{z}$ 自由度，为保证槽深尺寸 H、槽底面与轴线平行度，需限制 $\overset{\curvearrowright}{x}$、$\vec{z}$ 自由度，所以在圆柱面上布置四个支承点（1、2、3、4），用以限制零件 $\vec{x}$、$\overset{\curvearrowright}{x}$、$\vec{z}$、$\overset{\curvearrowright}{z}$ 自由度，称为双导向支承；在零件的端面上布置一个支承点（6），限制 $\vec{y}$ 自由度，以保证槽长尺寸 L，称为止推支承；在已有键槽底部布置一个支承点(5),限制 $\hat{y}$ 自由度,以保证槽 b 与已有槽的相对位置,称为防转支承,防转支承应尽可能远离回转中心,以减小转角误差。

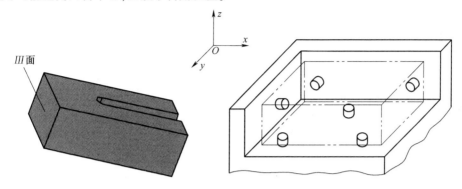

图 1-12-6　长方体工件定位时的止推定位基准面

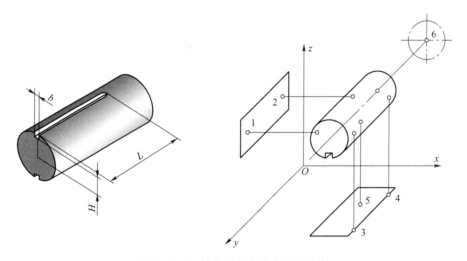

图 1-12-7　轴类零件定位支承点分布

3)盘类零件定位(见图 1-12-8)

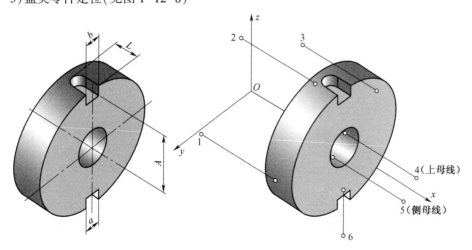

图 1-12-8　盘类零件定位支承点分布

在零件端面上布置三个支承点(1、2、3),限制零件 $\vec{x}$、$\widehat{y}$、$\widehat{z}$ 自由度,以保证尺寸 L、槽 b 侧面与已有槽 a 侧面的平行度、槽 b 底面与轴线的平行度,称为止推定位支承;在圆柱孔上母线和侧母线上各布置一个支承点(4、5),限制零件 $\vec{y}$、$\vec{z}$ 自由度,保证尺寸 A、槽 b 与孔中心的对称度,称为主要定位支承;在零件键槽内布置一个定位销(6),限制零件 $\widehat{x}$ 自由度,保证槽 b 与已有槽 a 的相对位置,称为防转支承。

3. 定位元件的选用

工件在夹具中定位,依靠定位元件来完成,选择定位元件,主要取决于工件的加工要求和定为基准形状的特点,常用的定位元件见表1-12-1。

表1-12-1　定位元件选用

定位基准形状	定位元件简图	支承点分布	所限制自由度
平 面	A型支承钉	支承钉	$\vec{x}$
	B型支承钉	支承钉	$\vec{y}$、$\widehat{z}$
	C型支承钉	支承钉	$\widehat{x}$、$\widehat{y}$、$\vec{z}$
	A型支承板 B型支承板	支承板	$\vec{y}$、$\widehat{z}$

定位基准形状	定位元件简图	支承点分布	所限制自由度
外圆柱面	V形架		$\vec{x}$、$\vec{z}$　$\overset{\curvearrowright}{x}$、$\overset{\curvearrowright}{z}$
			$\vec{x}$、$\vec{z}$
	定位套筒		$\vec{y}$、$\vec{z}$
			$\vec{y}$、$\vec{z}$　$\overset{\curvearrowright}{y}$、$\overset{\curvearrowright}{z}$
	锥套		$\vec{x}$、$\vec{y}$、$\vec{z}$

定位基准形状	定位元件简图	支承点分布	所限制自由度
圆 柱 孔	定位心轴	圆柱孔工件 短定位心轴	$\vec{y}$、$\vec{z}$
		圆柱孔工件 长定位心轴	$\vec{y}$、$\vec{z}$ $\widehat{y}$、$\widehat{z}$
	定位销	圆柱工件 短定位销	$\vec{x}$、$\vec{z}$
		圆柱工件 长定位销	$\vec{x}$、$\vec{z}$ $\widehat{y}$、$\widehat{z}$
	圆锥定位销	圆柱工件 圆锥定位销	$\vec{x}$、$\vec{y}$、$\vec{z}$

续表

定位基准形状	定位元件简图	支承点分布	所限制自由度
圆锥孔	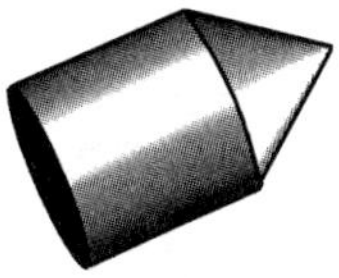 顶尖	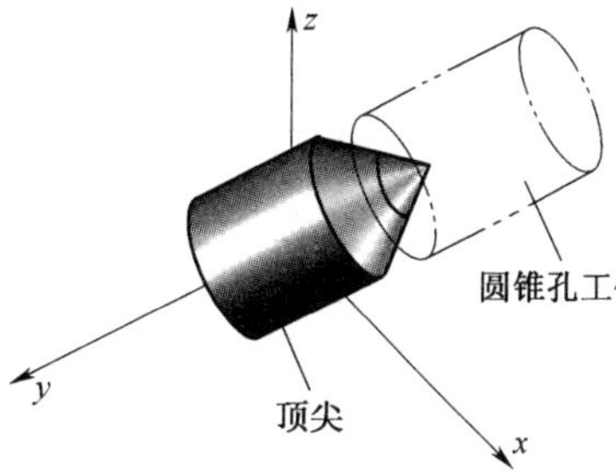 圆锥孔工件　顶尖	$\vec{x}$、$\vec{y}$、$\vec{z}$
		双顶尖 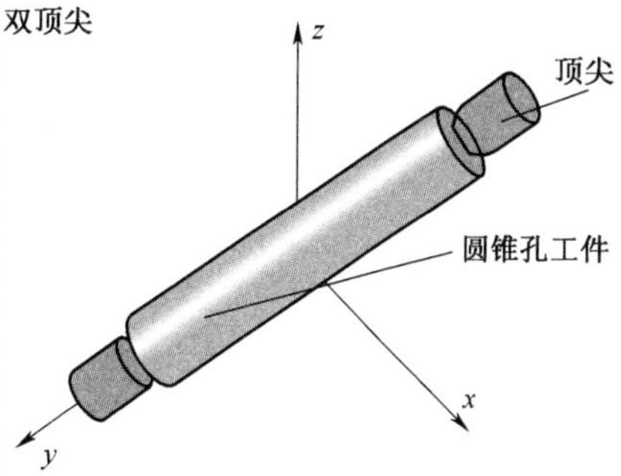　顶尖　圆锥孔工件	$\vec{x}$、$\vec{y}$、$\vec{z}$　$\widehat{x}$、$\widehat{z}$
	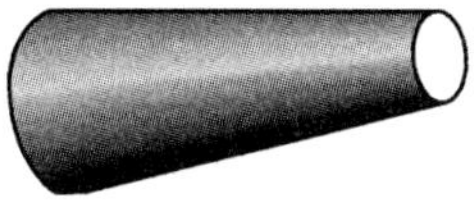 锥心轴	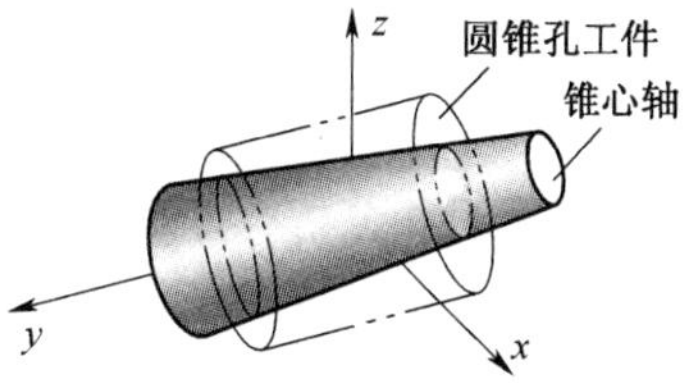 圆锥孔工件　锥心轴	$\vec{x}$、$\vec{y}$、$\vec{z}$　$\widehat{x}$、$\widehat{z}$

四、定位形式

根据支承点限制自由度情况的不同,定位形式可分为以下四种:

1. 完全定位

工件的六个自由度全部被限制,使工件在夹具中占有完全确定的唯一位置,这种定位形式称为完全定位。

2. 不完全定位

没有完全限制工件六个自由度的定位,称为不完全定位。

3. 欠定位

工件实际定位时,所限制的自由度数目少于按加工要求所必须限制的自由度数目,这种定位形式称为欠定位。工件在夹具中定位时,决不允许产生欠定位。

4. 过定位

几个定位支承点重复限制同一个自由度的现象称为过定位。工件在夹具中定位时,一般不允许出现过定位现象,但在实际生产中,也常常会遇到工件按过定位来定位加工的情况。

五、定位误差分析

1. 定位误差的产生

一批工件在夹具中的实际位置将在一定范围内变动,这就是工件在夹具中加工时的定位误差,用符号"Δ_{dw}"表示。

由于设计基准与定位基准不重合而造成的加工尺寸的误差称为基准不重合误差,如图1-12-9(a)所示,用符号"Δ_{jb}"表示。

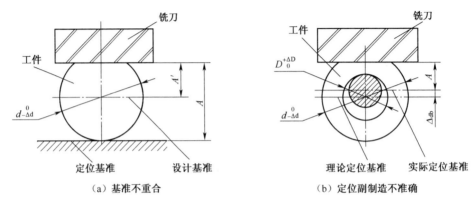

（a）基准不重合　　　　　　　　　　（b）定位副制造不准确

图1-12-9　定位误差的产生

由于定位副制造误差引起定位基准位移而产生的误差称为基准位移误差,如图1-12-9(b)所示,用符号"Δ_{db}"表示。

定位误差主要由基准不重合误差和基准位移误差组成,即

$$\Delta_{dw} = \Delta_{jb} + \Delta_{db} \tag{1-12-1}$$

2. 常用定位方式定位误差分析与计算

1)工件以平面定位时的定位误差

此时的定位误差主要由基准不重合引起,至于基准位移误差只是由表面的不平整引起的误差,当用已加工表面定位时,一般不予以考虑,如图1-12-10所示。计算公式如下:

$$\Delta_{dw} = \Delta_{jb} = L_{max} - L_{min} = \Delta L \tag{1-12-2}$$

图1-12-10　工件以平面定位

式中:L_{max} ——设计基准和定位基准的联系尺寸的极限最大值;

$\quad\quad L_{min}$ ——设计基准和定位基准的联系尺寸的极限最小值;

$\quad\quad \Delta L$ ——设计基准和定位基准的联系尺寸的公差值。

2)工件以圆孔定位时的定位误差

(1)工件与心轴间隙配合单边接触

工件因自重始终使圆孔与心轴上母线接触,径向定位误差仅在 z 轴方向且向下,如图1-12-11所示,在 x 轴方向的径向定位误差为0。计算公式如下:

$$\Delta_{db(z\downarrow)} = \frac{1}{2}(D_{max} - d_{min})$$

$$D_{max} = D_{min} + \Delta K$$

$$D_{min} = d_{max} + \Delta S$$

$$D_{\max} = d_{\max} + \Delta S + \Delta K$$

$$d_{\min} = d_{\max} - \Delta Y$$

由此可知

$$\Delta_{\mathrm{db}(z\downarrow)} = \frac{1}{2}\left[(d_{\max} + \Delta S + \Delta K) - (d_{\max} - \Delta Y)\right]$$

$$= \frac{\Delta S + \Delta K + \Delta Y}{2} \qquad (1\text{-}12\text{-}3)$$

式中：D——工件圆孔直径；

　　　d——定位心轴外圆直径；

　　　ΔS——定位副间最小配合间隙；

　　　ΔK——工件圆孔直径公差；

　　　ΔY——定位心轴外圆直径公差。

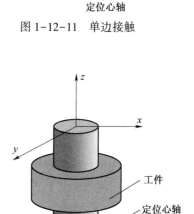

图 1-12-11　单边接触

对一批工件的圆孔与心轴配合，ΔS 始终是不变的常量，可以在调整刀具尺寸时加以消除，因此计算公式可转化为

$$\Delta_{\mathrm{db}(z\downarrow)} = \frac{\Delta K + \Delta Y}{2} \qquad (1\text{-}12\text{-}4)$$

（2）工件与心轴间隙配合双边接触

工件沿 x 轴和 y 轴方向可双边移动，如图 1-12-12 所示，此时一批工件的径向定位误差是单边接触时的两倍。

y 轴方向：$\Delta_{\mathrm{db}(y\uparrow\downarrow)} = \Delta S + \Delta K + \Delta Y$　（1-12-5）

x 轴方向：$\Delta_{\mathrm{db}(x\uparrow\downarrow)} = \Delta S + \Delta K + \Delta Y$　（1-12-6）

图 1-12-12　双边接触

双边接触和单边接触不同，ΔS 无法通过调整刀具消除，所以要考虑 ΔS 对定位误差的影响。

3）工件以外圆定位时的定位误差

（1）以外圆中心为设计基准

如图 1-12-13 所示，由于 V 形架具有对中定心作用，工件以中心线为设计基准时，定位基准和设计基准重合而不产生基准不重合误差（$\Delta_{\mathrm{jb}} = 0$），但是工件外圆直径有偏差，将引起工件中心在 V 形架的对称中心线上发生偏差，造成基准位移误差。

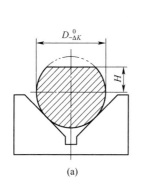
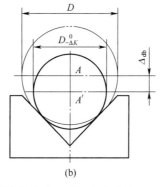

图 1-12-13　外圆中心为设计基准时 V 形架定位误差

计算公式如下：

$$\Delta_{db} = \frac{\Delta K}{2\sin\dfrac{\alpha}{2}} \qquad (1-12-7)$$

式中：ΔK——工件外圆直径公差；

α——V 形架的角度。

（2）以外圆上母线为设计基准 B'

如图 1-12-14 所示，工件以上母线为设计基准，不仅存在基准不重合误差 Δ_{jb}，同时还存在基准位移误差 Δ_{db}，此时定位误差 Δ_{dw} 为两项误差之和 [见图 1-12-14（b）中的 BB']，即 $\Delta_{dw} = \Delta_{jb} + \Delta_{db}$

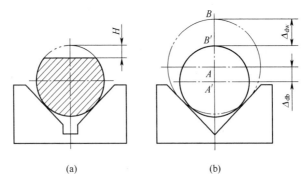

(a)   (b)

图 1-12-14　上母线为设计基准时 V 形架定位误差

计算公式如下：

$$\Delta_{jb} = \frac{\Delta K}{2}$$

$$\Delta_{db} = \frac{\Delta K}{2\sin\dfrac{\alpha}{2}}$$

$$\Delta_{dw} = \Delta_{jb} + \Delta_{db} = \frac{\Delta K}{2} + \frac{\Delta K}{2\sin\dfrac{\alpha}{2}} = \frac{\Delta K}{2}\left[1 + \frac{1}{\sin\dfrac{\alpha}{2}}\right] \qquad (1-12-8)$$

（3）以外圆下母线为设计基准

如图 1-12-15 所示，工件以下母线为设计基准，同时存在基准不重合误差 Δ_{jb} 和基准位移误差 Δ_{db}，此时定位误差为两项误差之差，即 $\Delta_{dw} = \Delta_{db} - \Delta_{jb} A'$。

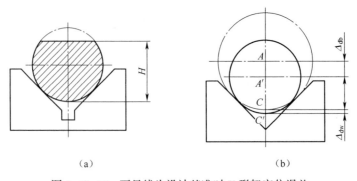

(a)   (b)

图 1-12-15　下母线为设计基准时 V 形架定位误差

计算公式如下：

$$\Delta_{dw} = \Delta_{db} - \Delta_{jb}$$

$$= \frac{\Delta K}{2\sin\frac{\alpha}{2}} - \frac{\Delta K}{2} = \frac{\Delta K}{2}\left[\frac{1}{\sin\frac{\alpha}{2}} - 1\right] \qquad (1\text{-}12\text{-}9)$$

以上三种情况比较，以下母线为设计基准时产生的定位误差最小。

六、工件的夹紧

1. 对夹紧装置的要求

（1）保证加工精度，夹紧时不得破坏工件的准确定位，并使工件在加工过程中产生的振动和变形最小。

（2）夹紧作用准确、安全、可靠，夹紧机构要有自锁机构，在受到切削力作用时，保证工件能保持较好的夹紧状态。

（3）夹紧动作迅速，操作方便、省力。

（4）结构简单、紧凑，并有足够的刚度。

2. 夹紧力作用方向的选择

（1）夹紧力的作用方向应正对工件的主要定位基准面，保证工件定位的准确性。如图 1-12-16 所示，工件钻孔时需要保证孔中心线与端面垂直，工件在夹具中夹紧应以 A 面作为主要定位基准面。

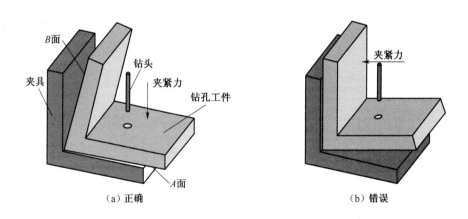

（a）正确　　　　　　　　　　　　　　（b）错误

图 1-12-16　夹紧力的作用方向选择

（2）夹紧力的作用方向应使夹紧力尽可能小，以减轻工人的劳动强度，使夹紧机构轻便、紧凑，减小工件受压变形等，因此，夹紧力的作用方向最好选择与切削力、工件重力相重合的方向。

3. 夹紧力作用点的选择

（1）夹紧力的作用点应保持工件定位稳固，不致引起工件位移、倾斜或偏转等现象，如图 1-12-17 所示。

（2）夹紧力的作用点应使夹紧变形尽可能小，如图 1-12-18 所示。

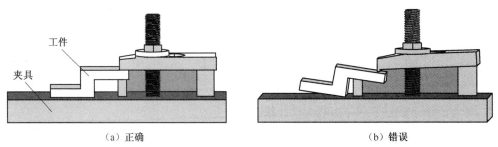

（a）正确　　　　　　　　　　　　　　　（b）错误

图 1-12-17　夹紧力的作用点位置选择

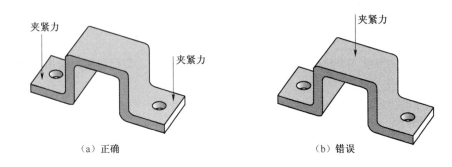

（a）正确　　　　　　　　　　　　　　　（b）错误

图 1-12-18　夹紧力的作用点

（3）夹紧力的作用点应尽可能靠近工件的被加工表面,以提高定位稳定性和夹紧可靠性,如图 1-12-19 所示。

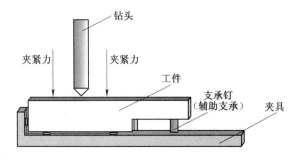

图 1-12-19　夹紧力作用点尽可能靠近工件被加工表面

4. 夹紧力大小的确定

夹紧力的大小对于保证定位稳定,夹紧可靠,确定夹紧装置的结构尺寸有很大的关系。夹紧力过小,在加工过程中将发生工件位移而破坏定位;夹紧力过大,将使工件变形,增大夹紧装置的结构尺寸,所以,夹紧力的选择必须恰当。

七、基本夹紧机构

1. 楔块夹紧机构

楔块夹紧机构是利用楔块斜面将楔块推力转变为夹紧力,从而使工件夹紧的一种机构,如图 1-12-20 所示。为了使楔块夹紧机构具有自锁作用,楔块的斜面升角应小于摩擦角。

2. 螺旋夹紧机构

螺旋夹紧机构是利用丝杠螺母机构,将螺纹产生的旋转运动转变为直线运动,从而使工件夹紧的一种机构如图 1-12-21 所示。

3. 偏心夹紧机构

偏心夹紧机构主要采用偏心轮原理进行工件的夹紧,如图 1-12-22 所示。当转动偏心轮时,由于偏心轮的转动中心与几何中心不重合,随着旋转中心到被压支承点的距离越来越大,通过压板将工件夹紧。

4. 螺旋压板夹紧机构

螺旋压板夹紧机构是使用较为广泛的一种夹紧机构,如图 1-12-23 所示。采用这种夹紧机构,装、卸工件方便,利用摆块夹紧,可在夹紧时自动调整夹紧作用点的位置,从而提高摆块与工件的接触程度,增强夹紧的可靠性。

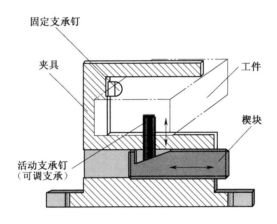

图 1-12-20　楔块夹紧机构

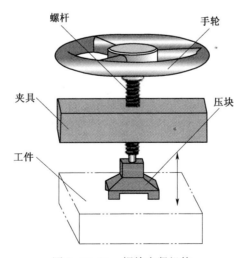

图 1-12-21　螺旋夹紧机构

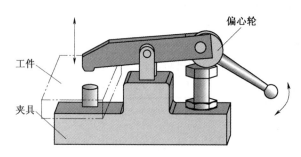

图 1-12-22 偏心轮夹紧机构

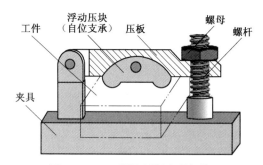

图 1-12-23 螺旋压板夹紧机构

思考与练习

(1)什么是机床夹具？机床夹具由哪几部分组成？各组成部分的作用是什么？

(2)机床夹具的作用是什么？

(3)什么是自由度？自由度包含哪几个？

(4)简述六点定位原则。

(5)分析图 1-12-24 所示零件在加工时各应被限制哪几个自由度？

(6)分析图 1-12-25 中各定位元件能限制哪几个自由度？

(7)定位形式分哪几种？试述各自的含义。

(8)对夹紧装置的要求有哪些？

(9)夹紧力作用方向如何确定？

(10)夹紧力作用点如何确定？

(11)夹紧力大小如何确定？

(12)基本夹紧机构有哪些？试述其各自的夹紧原理是什么？

(13)计算图 1-12-26 中两种加工情况下的定位误差各为多少？

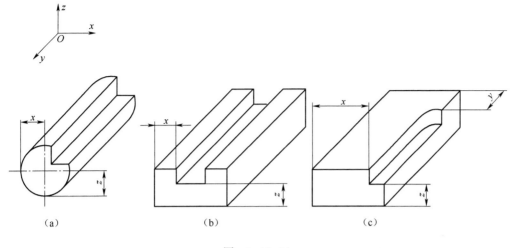

图　1-12-24

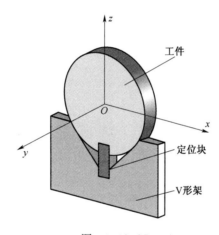

图　1-12-25

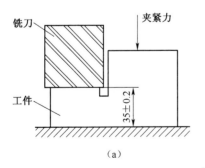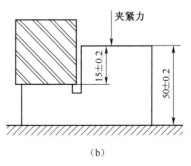

图　1-12-26

（14）如图 1-12-27 所示零件加工，若选用 V 形架中心角为 90°，分别计算加工尺寸（35±0.05）和键槽对称度时的定位误差各为多少？

（15）如图 1-12-28 所示，在铣床上铣削加工键槽，求加工尺寸（35±0.05）时的定位误差。

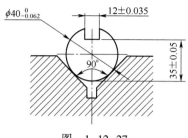

图 1-12-27

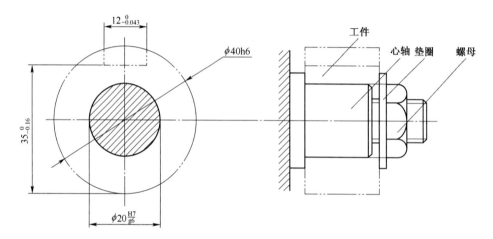

图 1-12-28

模块二

综合技能训练

课题一 90°角尺制作

 学习目标

1. 读懂 90°角尺的零件图。
2. 正确编制 90°角尺的加工工艺。
3. 正确掌握 90°角尺的加工方法及步骤。

在老师指导下制订图 2-1-1 所示刀口角尺的加工计划,识读角尺制作图样,获取角尺

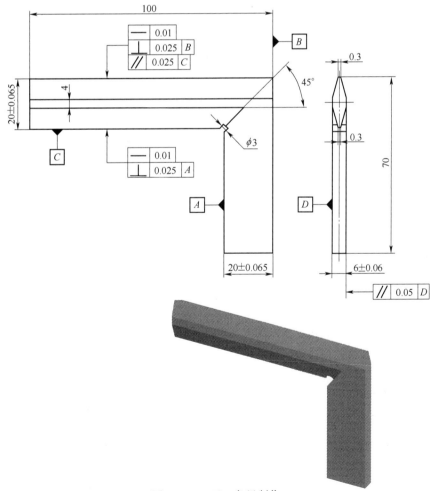

图 2-1-1 刀口角尺制作

的结构特点、尺寸要求等有效信息,按照加工工艺步骤,利用划针、高度尺等划线工具划出加工界线,采用锯、锉、磨、研磨方法加工出刀口角尺,工作完成后按照现场管理规范清理场地、归置物品,并按照环保规定处置废弃物。

技术要求:

(1)各加工表面粗糙度值不得大于 $Ra\ 1.6\ \mu m$;

(2)图 2-1-1 中未标注极限偏差的尺寸按标准公差等级 IT10~IT11 加工;

(3)各锐边倒棱 $R\ 0.3\ mm$。

实习准备

实习准备见表 2-1-1。

表 2-1-1 实习准备

实习工件(工具)名称	材 料	材 料 来 源	件 数	工时/h
锉刀		备料	若干	
锯弓		备料	1	
锯条		备料	若干	
$\phi 3$、$\phi 6$ 普通麻花钻		备料	若干	
300 mm 高度划线尺		备料	1	
0~150 mm 游标卡尺		备料	1	
刀口角尺		备料	1	
千分尺 0~25 mm、25~50 mm、50~75 mm		备料	各 1	12
百分表		备料	1	
磁性表座		备料	1	
平板		备料	1	
V 形块		备料	1	
70 mm×100 mm×8 mm 板料	Q235	备料	1	

实习步骤

(1)按图样检查来料尺寸,并去除锐边毛刺。

(2)加工两平面,达到图样要求。

(3)锉削外直角面,达到直线度、垂直度和表面粗糙度要求。

(4)划出相距尺寸为 20 的内直角线,并按要求钻 $\phi 3$ 工艺孔。

(5)锉削内直角面,并达到图样要求。

(6)锉削角尺端面,保证尺寸 100 mm 和 70 mm。

(7)按图样尺寸加工两刀口斜面。

(8)锐边倒棱并作全部精度检查。

注意事项

(1)在锉削两平面时,锉纹要一致,锉削尺座时要控制锉削面的平面度误差,保证有较高的平面度精度。

(2)锉削刀口斜面时必须在平面加工达到要求后进行,并要保证不能破坏垂直面,造成角度误差。

（3）90°角尺以短面作为基准测量直角角度，但在加工时应先加工长直角面，然后以此面作为基准来加工短面达到90°直角，而最后检查垂直度仍应以短直角面为基准测量长直角面。

（4）该角尺加工后，必须保证各加工面的表面粗糙度要求。

练习纪录及成绩评定

评分标准　　　　　　　　　　　　　　　单位：mm

序号	技术要求	配分	检测结果		得分
			学生自测	教师检测	
1	100	5分			
2	70	5分			
3	20±0.065	5分×2			
4	6±0.06	5分			
5	0.3	3分×2			
6	φ3	4分			
7	⎯ 0.01	6分×2			
8	⊥ 0.025 A	6分			
9	⊥ 0.025 B	6分			
10	∥ 0.025 C	6分			
11	∥ 0.05 D	6分			
12	Ra1.6μm	2分×12			
13	锐边倒棱R0.3	5分			
14	备注				
		总计			

课题二 工字形锉配

1. 掌握工字形锉配的加工工艺。
2. 能正确选择工量具。
3. 能控制工字形锉配的加工精度。

在老师指导下完成图 2-2-1 工字形锉配加工计划,识读工字形制件图样,获取工字形制件的结构特点、尺寸要求等有效信息,按照加工工艺步骤,独立利用划针、高度尺等划线工具划出加工界线,采用锯、锉、磨等方法进行工字形制件制作,工作完成后按照现场管理规范清理场地、归置物品,并按照环保规定处置废弃物。

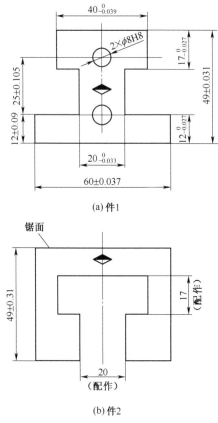

(a) 件1

(b) 件2

图 2-2-1　工字形工件

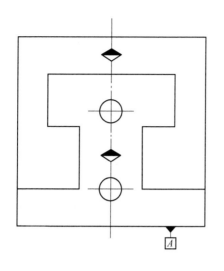
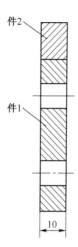

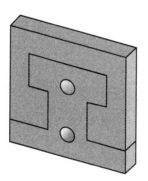

图 2-2-1　工字形工件(续)

技术要求：(1)配合互换，单面间隙不的大于 0.04 mm。

　　　　　(2)侧边错位量不得大于 0.06 mm。

　　　　　(3)去除孔口毛刺。

　　　　　(4)◆为敲学号处。

实习准备

实习准备见表 2-2-2。

表 2-2-1　实习准备

实习工件(工具)名称	材　料(规格)	材料来源	件　数	工时/h
板料 101 mm×61 mm×10 mm	Q235	备料	1	
手用锯弓			1	
手用锯条(中齿)			若干	
板锉			若干	18 h
钢丝刷			1	
90°刀口角尺			1	
0~150 mm 游标卡尺			1	

续表

实习工件(工具)名称	材 料(规 格)	材料来源	件 数	工时/h
0~25 mm、25~50 mm、50~75 mm 千分尺			各1	
300 mm 高度划线尺			1	
$\phi 4$、$\phi 6$、$\phi 7.8$、$\phi 12$ 麻花钻			若干	18 h
ϕ 10H8 整体式圆柱铰刀(手用)			若干	
可调式铰杠			2	
乳化液			适量	

实习步骤

一、件1加工

(1)毛坯检查,修正基准面。从毛坯上锯下件1、件2,注意锯削质量,按图样要求加工件1外形尺寸。

(2)按图样要求划出件1加工线。

(3)加工一侧面。保证 A、B 两组工艺尺寸,确保工件的对称度,使工件在配合时能互换,如图2-2-2(a)所示。

(4)加工另一侧面,加工尺寸按图样要求确定,如图2-2-2(b)所示。

(5)钻孔。钻孔时保证孔距,如图2-2-2(c)所示。

(6)扩孔,铰孔。铰孔时加适量乳化液,保证孔径公差和表面粗糙度。

(7)件1去毛刺。

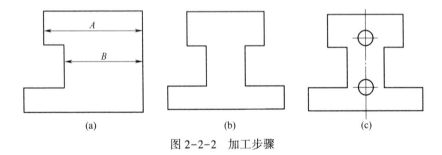

| (a) | (b) | (c) |

图 2-2-2 加工步骤

二、件2加工及配合

(1)按图样要求加工件2外形尺寸,并注意保留其中一条锯削面。

(2)按图样要求划线。

(3)去除余料并加工型腔面。

(4)以件1为基准件,锉配件2。保证工件配合时互换,单面间隙不的大于0.04 mm,侧边错位量不得大于0.06 mm。

(5)件2去毛刺。

(6)件1、件2按照图纸复检尺寸及形位公差,并修整。

(7)按图样要求敲学号,并上交所做制件。

注意事项

（1）加工件 1 时，注意保证工件的对称，以免造成工件不能互换。

（2）在件 2 锉配过程中，粗精加工要分开，粗加工时要留一定精加工的余量，以便试配时调整间隙。

练习纪录及成绩评定

评分标准　　　　　　　　　　　　　　　　　　　单位：mm

项目	序号	技术要求	配分	检测结果	得分
锉	1	$20_{-0.033}^{0}$	5 分		
	2	$40_{-0.039}^{0}$	5 分		
	3	$17_{-0.027}^{0}$	3×2 分		
	4	$12_{-0.027}^{0}$	3×2 分		
	5	60 ± 0.037	5 分		
钻铰	6	$2 \times \phi 8H8$	2×2 分		
	7	$\sqrt{Ra1.6}$	2×2 分		
	8	12 ± 0.09	4 分		
	9	25 ± 0.105	6 分		
相配	10	60 ± 0.037	4 分		
	11	49 ± 031	6 分		
	12	配合间隙≤0.04	3×9 分		
	13	侧边错位量≤0.06	3×2 分		
	14	件 1、件 2 $\sqrt{Ra3.2}$	24×0.5 分		
	15	安全文明生产	扣分		
总计					

 学习目标

1. 掌握四方封闭锉配的加工工艺。
2. 能正确选择工量具。
3. 能控制四方封闭锉配的加工精度。

　　在老师指导下完成图 2-3-1 四方封闭锉配加工计划,识读四方封闭制件制作图样,获取四方封闭制件的结构特点、尺寸要求等有效信息,按照加工工艺步骤,独立利用划针、高度尺等划线工具划出加工界线,采用锯、锉、磨、方法进行四方封闭制件制作,工作完成后按照现场管理规范清理场地、归置物品,并按照环保规定处置废弃物。

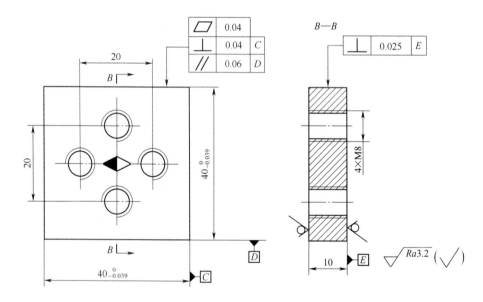

（a）件1

图 2-3-1　四方封闭锉配

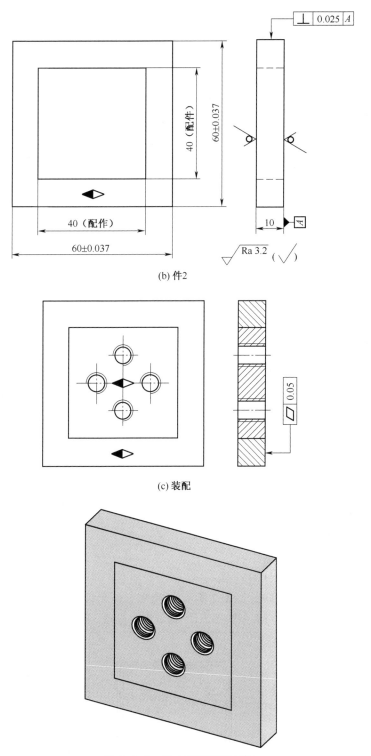

(b) 件2

(c) 装配

图 2-3-1　四方封闭锉配(续)

技术要求：

(1) 配合间隙不大于 0.05 mm,并保证互换相配；

（2）锐边倒棱 $R\,0.3$ mm；

（3）孔口倒角 $C1$。

实习准备

实习准备见表 2-3-1。

表 2-3-1 实习准备

实习工件(工具)名称	材料	材料来源	件数	工时/h
手用锯弓		备料	1	
手用锯条(中齿)		备料	若干	
板锉		备料	若干	
钢丝刷		备料	1	
90°刀口角尺		备料	1	
0~150 mm 游标卡尺		备料	1	
0~25 mm、25~50 mm、50~75 mm 千分尺		备料	各1	12
300 mm 高度划线尺		备料	1	
41 mm×41 mm×10 mm 板料	Q235	备料	1	
61 mm×61 mm×10 mm 板料	Q235	备料	1	
$\phi4$、$\phi6$、$\phi6.8$、$\phi12$ 麻花钻		备料	若干	
M8 手用丝锥		备料	若干	
可调式铰杠		备料	2	
乳化液		备料	适量	

实习步骤

（1）检查毛坯,修整基准面。

（2）划出件 1 轮廓加工线。

（3）锉削加工尺寸 $40_{-0.039}^{0}$ mm。

（4）划出件 2 轮廓加工线。

（5）锉削加工尺寸 (60 ± 0.037) mm。

（6）去除件 2 型腔废料,如图 2-3-2 所示,并粗加工件 2 型腔各表面。

（7）以件 1 为基准,修配件 2 型腔各表面,保证配合精度。

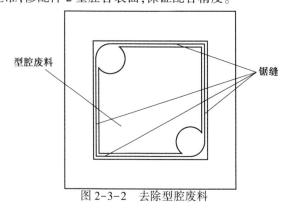

图 2-3-2　去除型腔废料

(8)划出螺纹孔的中心线,并敲样冲眼。

(9)钻底孔,并对孔距尺寸进行借料。

(10)扩孔 φ6.8 mm,并对孔口进行倒角。

(11)攻螺纹加工。

(12)对工件各表面进行锐边倒棱。

(13)复检工件各尺寸和形位误差。

(14)敲学号、上油、交工件。

注意事项

(1)在去除件 2 型腔废料时,应注意防止件 2 外形的变形,如发现变形,应在加工型腔表面前先将变形进行修整。

(2)件 2 型腔经过钻排孔后,可以使用修磨过的锯条(见图 2-3-3)对工件型腔废料进行锯削加工,如图 2-3-4 所示。

(3)在配合过程中,尽可能采用测量配,以减少配合时对工件产生的变形误差。

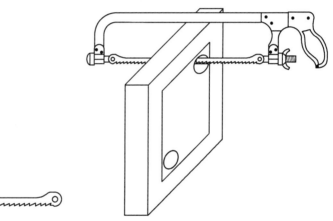

图 2-3-3 锯条的修磨　　　　图 2-3-4 用修磨后的锯条锯削型腔废料

(4)修配期间,避免用手锤或重物锤击工件进行装配,如图 2-3-5(a)所示,应尽可能使用大姆指的推力装配工件,如图 2-3-5(b)所示或用锉刀柄轻敲工件进行装配,如图 2-3-5(c)所示。

(5)修配时应注意工件配合表面上产生的压痕,准确判断修锉的部位,如图 2-3-6所示。

(a)错误

图 2-3-5 配合要点

（b）正确

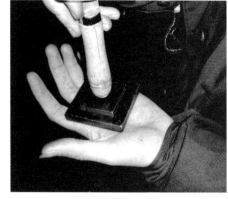
（c）正确

图 2-3-5 配合要点（续）

（6）修配时应以件 2 作为主要修配对象，不得对件 1 进行修锉。

（7）装配时注意件 2 内直角对配合的影响，正确处理清角加工，避免产生间隙误差，如图 2-3-7 所示。

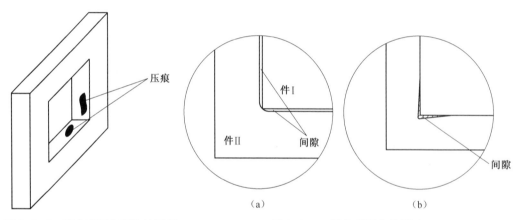

图 2-3-6 配合表面上产生的压痕　　　　图 2-3-7 清角对配合的影响

（8）修配件 2 时应控制型腔各表面与基准面之间的平行度误差，防止件 1 配入后影响配合间隙，如图 2-3-8 所示。

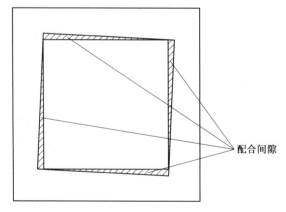

图 2-3-8 平行度误差对配合间隙的影响

练习纪录及成绩评定

评分标准　　　　　　　　　　　　单位：mm

序号	技术要求		配分	检测结果		得分
				学生自测	教师检测	
1	件1	$40_{-0.039}^{\ 0}$	2×4分			
2		▱ 0.04	3×3分			
3		⊥ 0.04 C	4×3分			
4		∥ 0.06 D	2×3分			
5		⊥ 0.025 E	4×0.5分			
6		$Ra\ 3.2\ \mu m$	4×0.5分			
7	件2	60±0.037	2×4分			
8		⊥ 0.025 A	8×0.5分			
9		$Ra\ 3.2\ \mu m$	8×0.5分			
10	配合	配合间隙≤0.05	16分			
11		▱ 0.05	8分			
12	螺纹	4×M8	8×2分			
13	其他	孔口倒角 $C1$	4×0.5分			
14		锐边倒棱 $R0.3$	酌情扣分			
15		安全文明生产	酌情扣分			
		总计				

课题四 槽相配

学习目标

1. 掌握槽相配的加工工艺。
2. 能正确选择工量具。
3. 能控制槽相配的加工精度。

在老师指导下完成图 2-4-1 所示槽相配加工计划,识读槽相配制件图样,获取槽相配制件的结构特点、尺寸要求等有效信息,按照加工工艺步骤,独立利用划针、高度尺等划线工具划出加工界线,采用锯、锉、磨等方法进行槽相配制件制作,工作完成后按照现场管理规范清理场地、归置物品,并按照环保规定处置废弃物。

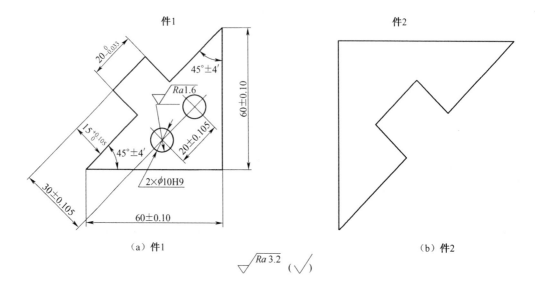

图 2-4-1 槽相配

技术要求:

(1)件 2 按件 1 配作(见图 2-4-2),配合互换,配合间隙小于或等于 0.04 mm。
(2)孔口倒角 C0.5 mm。
(3)工件棱边去毛刺。

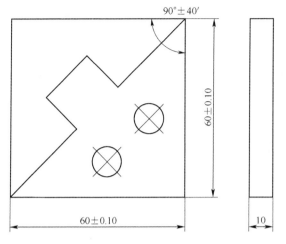

（a）件1、件2配合图

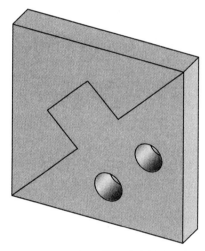

（b）件1、件2配合立体图

图 2-4-2 件 1、件 2 配合

实习准备

实习准备见表 2-4-1。

表 2-4-1 实习准备

实习工件（工具）名称	材 料（规 格）	材料来源	件 数	工时/h
板料 101 mm×61 mm×10 mm	Q235	备料	1	
手用锯弓、钢丝刷			各1	
手用锯条（中齿）			若干	
板锉			若干	18
90°刀口角尺			1	
0~150 mm 游标卡尺			1	
0~25 mm、25~50 mm、50~75 mm 千分尺			各1	

续表

实习工件(工具)名称	材　料(规　格)	材料来源	件　数	工时/h
300 mm 高度划线尺			1	
$\phi 4$、$\phi 6$、$\phi 9.8$、$\phi 12$ 麻花钻			若干	
$\phi 10H9$ 整体式圆柱铰刀(手用)			若干	18
可调式铰杠			2	
乳化液			适量	

实习步骤

一、件1加工

(1)检查毛坯,修正基准面。按图纸所示件1、件2尺寸要求分割毛坯。

(2)按图样要求划出件1加工线,划线时把工件放在V形铁上,确保工件在划线时有固定的位置。

(3)加工件1凸台一侧。保证凸台对称度,测量时工件需放在V形铁上,保证工艺尺寸 A 与尺寸 $15_0^{+0.105}$(见图2-4-3)。

$$A = B + \frac{凸台尺寸}{2}(\pm 0.05)$$

为保证尺寸 $15_0^{+0.105}$ 使用下列计算公式:

$$15_0^{+0.105} = C - D_{-0.105}^{0}$$

(4)加工件1凸台另一侧,保证件1尺寸达到图样要求尺寸。

(5)孔加工。钻、扩、铰孔,保证孔径 $\phi 10H9$ 及孔距尺寸。

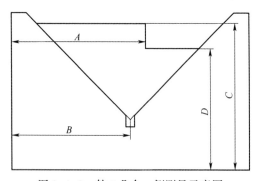

图2-4-3　件1凸台一侧测量示意图

二、件2加工

(1)检查毛坯,修正基准面。

(2)按图样要求划出件2加工线。

(3)去除余料并加工形腔面。

(4)以件1为基准件,锉配件2。保证工件配合时互换,配合间隙小于或等于 0.04 mm。

(5)件2去毛刺。

(6)件1、件2按照图纸复检尺寸及形位公差进行修整。

（7）上交工件。

注意事项

（1）零件加工前应先将其外形尺寸加工完毕，并准确记录尺寸的大小。

（2）零件加工时，应先将工艺孔钻出后，再进行 T 形的加工。

（3）为能保证倾角处在加工过程中，不会造成已加工表面粗糙度精度的降低，可事先对板锉棱边进行修磨，用砂轮刃磨出一个 80°~85° 的倾角，如图 2-4-4 所示，并保证刃磨后，棱边具有一定的光滑度和直线度。

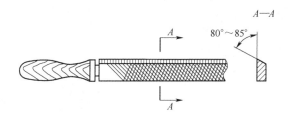

图 2-4-4　锉刀的刃磨角度

（4）加工过程中，可先按 L 形，对其中的一个倾角进行切削加工，待第一个倾角加工完毕后，再按 T 形，对第二个倾角进行切削加工。

（5）对称度的测量方法。

①外径百分表测量

外径百分表可以用来检验机床精度和测量工件的尺寸、形状和位置误差。

a. 外径百分表的结构。外径百分表的结构如图 2-4-5 所示。

b. 外径百分表的刻线原理。外径百分表内的齿杆和齿轮的周节是 0.625 mm。当齿杆上升 16 个齿时（即 0.625×16= 10 mm），16 齿的小齿轮旋转一周，同时齿数为 100 齿的大齿轮也随之旋转一周，就带动齿数为 10 的小齿轮和长指针旋转 10 周，即齿杆移动 1 mm，长指针旋转一周。由于表盘上共刻 100 格，所以长指针每转过一格表示齿杆移动 0.01 mm。

c. 测量注意事项。外径百分表安装在磁性表座上，使用时必须使测量杆与工件被测表面垂直，如图 2-4-6 所示，测头的压入深度不得超过百分表的测量范围。

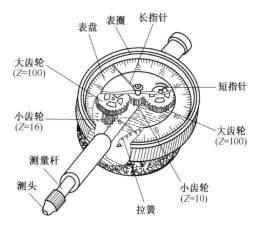

图 2-4-5　外径百分表的结构

d. 其他百分表介绍。

◆ 杠杆百分表,如图2-4-7所示。杠杆百分表的测量原理和读数原理与外径百分表是一致的。杠杆百分表的测量范围为0.8和1 mm两种,读数值为0.01 mm。

杠杆百分表在使用时与外径百分表不同,要求其测量触头与工件的被测表面之间形成一个大约为30°的倾角,如图2-4-8所示,所以杠杆百分表除测量外型面外还可以测量内型面。

图2-4-6 百分表的使用

图2-4-7 杠杆百分表

图2-4-8 杠杆百分表的测量

◆ 内径百分表,如图2-4-9所示。

内径百分表可用来测量孔径和孔的形状误差,对于测量深孔极为方便。内径百分表的测量范围有6~10 mm、10~18 mm、18~35 mm、35~50 mm、50~100 mm、100~160 mm、160~250 mm等。

内径百分表的示值误差较大,一般为±0.015 mm。

经验公式计算法:在实际生产过程中,通过测量图2-4-10所示中A尺寸来间接保证T形零件加工的对称度精度,该尺寸的计算公式为:

$$A = \frac{C_{实际尺寸}}{2} + \left(\frac{B_{理论尺寸} + \delta}{2} - \delta\right) \times \pm \frac{对称度公差}{2}$$

图 2-4-9 内径百分表

式中:δ ——B 尺寸的极限偏差。

根据该公式计算出的最大值为 A 尺寸控制的极限最大值,计算出的最小值为 A 尺寸控制的极限最小值。

例:以图 2-4-11 所示零件为例,假设 C 尺寸实际加工为 60 mm,B 尺寸控制 $20^{0}_{-0.084}$ mm,则请计算 A 尺寸。

解:根据经验公式

$$A = \frac{C_{实际尺寸}}{2} + (\frac{B_{理论尺寸}+\delta}{2} - \delta) + \frac{对称度公差}{2}$$

$$A_{max} = \frac{60}{2} + (\frac{20}{2} + 0) + (-\frac{0.04}{2}) = 39.98(mm)$$

$$A_{min} = \frac{60}{2} + (\frac{20}{2} - 0.084) + (+\frac{0.04}{2}) = 39.936(mm)$$

答:A 尺寸控制的最大尺寸为 39.98 mm;A 尺寸控制的最小尺寸为 39.936 mm。

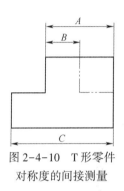

图 2-4-10 T形零件对称度的间接测量

(6)用百分表测量工件对称度时,应在测量前,清除工件测量表面和基准表面的毛刺、铁屑,同时将测量平板表面擦拭干净,避免多余的毛刺、铁屑遗留在工件或平板表面上,从而影响对称度的测量精度。

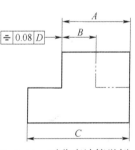

图 2-4-11 对称度计算举例

练习纪录及成绩评定

评分标准   单位:mm

序号		技术要求	配分	检测结果		得分
				学生自测	教师检测	
1	件1	$15^{+0.105}_{0}$	6 分			
2		$20^{0}_{-0.033}$	6 分			
3		60±0.10(2 处)	2×3 分			
4		45°±4′(2 处)	2×5 分			
5		Ra 3.2 μm	7×0.5 分			
6	件2	Ra 3.2 μm	7×0.5 分			
7	配合	60±0.10(2 处)	2×4 分			
8		90°±4′(2 处)	2×5 分			
9		配合间隙小于或等于 0.04	10×3 分			

续表

序号	技术要求		配分	检测结果		得分
				学生自测	教师检测	
10	孔加工	30±0.105	5分			
11		20±0.105	4分			
12		ϕ10H9	2×2分			
13		Ra1.6 μm	2×1分			
14		孔口倒角 C0.5	4×0.5分			
15		安全文明生产	酌情扣分			
总计						

课题五 60°燕尾圆弧相配

1. 掌握60°燕尾圆弧的加工工艺。
2. 能正确选择工量具。
3. 能控制60°燕尾圆弧的加工精度。

在老师指导下完成图2-5-1所示60°燕尾圆弧相配的加工计划,识读60°燕尾圆弧相配制件制作图样,获取60°燕尾圆弧相配的结构特点、尺寸要求等有效信息,按照加工工艺步骤,独立利用划针、高度尺等划线工具划出加工界线,采用锯、锉、磨等方法进行60°燕尾圆弧相配件制作,工作完成后按照现场管理规范清理场地、归置物品,并按照环保规定处置废弃物。

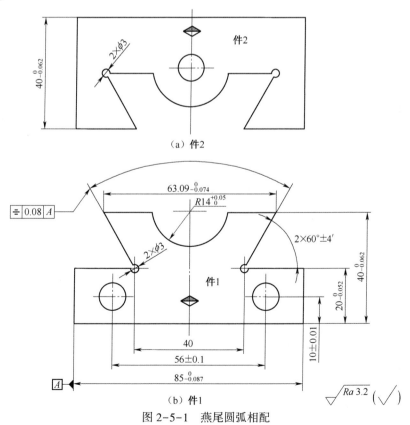

图 2-5-1 燕尾圆弧相配

装配图及装配立体图如图 2-5-2、图 2-5-3 所示。

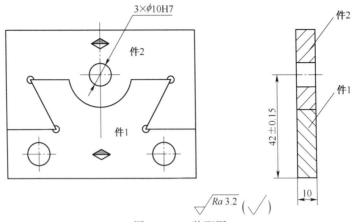

图 2-5-2　装配图

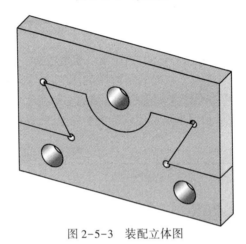

图 2-5-3　装配立体图

技术要求：

（1）件 2 按件 1 配作能互换，燕尾平面部分间隙不大于 0.04 mm，曲面部分不大于0.06 mm。

（2）ϕ10H7 孔壁表面粗糙度小于或等于 Ra1.6 μm。

（3）件 2ϕ10H7 对件 1 底边距离换位后变化量小于 0.2 mm，配合及互换后侧边错位量小于或等于 0.06 mm。

实习准备

实习准备见表 2-5-1。

表 2-5-1　实习准备　　　　　　　　　　　　　　　　单位：mm

实习工件（工具）名称	材　　料（规格）	材料来源	件　　数	工时/h
板料 85×85.5×10	Q235	备料	1	
手用锯弓、钢丝刷			各 1	
手用锯条（中齿）			若干	18
板锉			若干	
90°刀口角尺、ϕ10 圆柱销			1	

续表

实习工件(工具)名称	材　料(规格)	材料来源	件　数	工时/h
0~150 游标卡尺			1	
0~25、25~50、50~75 千分尺			各1	
300 高度划线尺			1	18
φ4、φ6、φ7.8、φ12 麻花钻			若干	
φ10H7 整体式圆柱铰刀			若干	
可调式铰杠			2	
乳化液			适量	

实习步骤

一、件1加工

(1)检查毛坯,修正基准面。按图纸件1、件2尺寸要求分割毛坯。

(2)按图样要求划出件1加工线。

(3)钻工艺孔。

(4)加工圆弧,保证圆弧半径尺寸,如图2-5-4(a)所示。

(5)加工燕尾槽一侧,保证尺寸,如图2-5-4(b)。

(6) 加工燕尾槽另一侧,保证燕尾槽的对称度及其图样要求的尺寸公差;如图2-5-4(c)所示。

(7)孔加工,钻、扩、铰孔。保证孔径φ10H8及孔距尺寸。

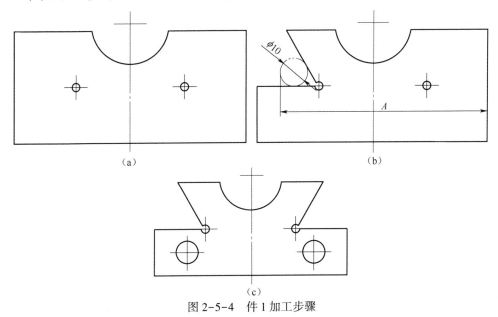

图 2-5-4　件1加工步骤

二、件2加工

(1)检查毛坯,修正基准面。

（2）按图样要求划出件 2 加工线。

（3）去除余料并加工型腔面。

（4）以件 1 为基准件,锉配件 2。保证工件配合时互换,燕尾平面部分间隙不大于 0.04 mm,曲面部分不大于 0.06 mm。件 2ϕ10H7 对件 1 两孔距离换位后变化量小于0.2 mm。

（5）件 2 去毛刺。

（6）件 1、件 2 按照图纸复检尺寸及形位公差,并修整。

（7）按图样要求敲学号,并上交工件。

注意事项

1. 燕尾形零件的尺寸测量

1）燕尾形零件中 L 尺寸的测量

燕尾形零件在加工时需要对尺寸 20 进行测量,保证其精度要求,但在实际测量过程中,由于斜边的影响,使测量该加工边的长度受到限制,此时,在测量时如采用量块,通过与百分表的配合使用可保证尺寸测量时的完整性。

（1）量块概述。

量块是机械制造业中长度尺寸的标准。量块可以对量具和量仪进行检验校正,也可以用于精密划线和精密机床的调整,当附件与量块并用时,还可以测量某些精度要求较高的工件尺寸。

量块（见图 2-5-5）是用不易变形的耐磨材料（如铬锰钢）制成的长方形六面体,它有两个主要工作面和四个非工作面。主要工作面是一对相互平行而且平面度误差极小的平面,通常称为测量面。

量块具有较高的研合性。因此可以把不同基本尺寸的量块组合成量块组,得到所需要的尺寸。

量块一般做成一套,有42 块一套和 87 块

图 2-5-5　量块

一套等几种,基本尺寸见表 2-5-2。为了减少常用量块的磨损,每套量块中都备有若干块保护量块,在使用时,可放在量块组的两端,以保护其他量块。

表 2-5-2　成套量块

顺序	量块基本尺寸（mm）	间距	块数	备注
1	1.005	—	1	护块
	1.01,1.02,…,1.49	0.01	49	
	1.6,1.7,1.8,1.9	0.1	4	
	0.5,1,…,9.5	0.5	19	
	10,20,…,100	10	10	
	1,1,1.5,1.5	0.5	4	
			共87块	

续表

顺序	量块基本尺寸(mm)	间距	块数	备注
2	1.005	—	1	护块
	1.01,1.02,…,1.09	0.01	9	
	1.1,1.2,…,1.9	0.1	9	
	1,2,…,9	1	9	
	10,20,…,100	10	10	
	1,1,1.5,1.5	0.5	4	
			共42块	
3	1.001,1.002,…,1.009	+0.001	9	
4	0.999,0.998,…,0.991	-0.001	9	
5	0.5,1,1.5,2 各2块	—	8	
6	125,150,175,200,250	—	8	护块
	300,400,500		0	
	50,50		2	
			共10块	
7	600,700,800,900,1000 各1块	100	5	

　　为了工作方便,减少累积误差,选用量块时,应尽可能采用最少的块数。用87块一套的量块,一般不要超过四块;用42块一套的量块,一般不超过五块。

　　例:要求测量48.245 mm的尺寸,根据需要选取组成这一尺寸的量块。

　　解:假设从87块一套的量块组中进行选取:

$$\begin{array}{r} 48.245 \quad 组合尺寸 \\ -1.005 \quad 第一块尺寸 \\ \hline 47.24 \\ -1.24 \quad 第二块尺寸 \\ \hline 46 \\ -6 \quad 第三块尺寸 \\ \hline 40 \quad 第四块尺寸 \end{array}$$

即选用1.005;1.24;6;40(mm)尺寸的量块,共用四块。

　　(2)尺寸测量的方法。

　　在测量图2-5-6所示的尺寸L时,可采用杠杆百分表进行测量。

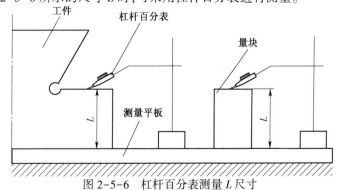

图2-5-6 杠杆百分表测量L尺寸

2)燕尾形零件中斜边中心尺寸 A 的测量(见图2-5-7)

(1)圆柱销测量法。

如图2-5-8所示,通过测量两圆柱销外母线之间的垂直距离 L ,间接保证尺寸 A 。

计算公式如下:

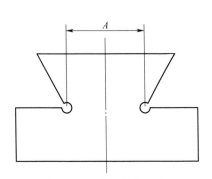

图2-5-7　燕尾斜边尺寸 A

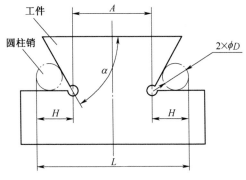

图2-5-8　圆柱销测量法

$$L = A + 2H$$

$$H = \left(1 + \frac{1}{\tan\frac{\alpha}{2}}\right) \times D$$

(2)斜90°V形块测量法。

如图2-5-9所示,通过测量零件斜边与斜90°V形块底边之间的尺寸,也可以间接控制尺寸 A ,同时经过翻转角度测量两个斜边时,还可以测量出工件的对称度误差。

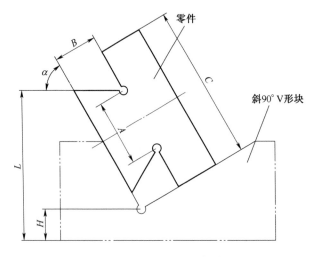

图2-5-9　斜90°V形块测量

计算公式如下:

$$L = H + \frac{A + C}{2} \cdot \sin\alpha + B \cdot \cos\alpha$$

2. 杠杆百分表测量

测量时测量杆与零件表面接触压力不可过大,否则,容易造成量具的损坏。

3. 选用斜90°V形块进行测量

测量时,应先确保V形块不能有较大的误差。

4. 燕尾形加工

应随时注意其加工变形和装夹变形,一但发现,及时修整,避免产生不必要的误差。

练习纪录及成绩评定

评分标准　　　　　　　　　　　　　单位:mm

序号	技术要求		配分	检测结果		得分
				学生自测	教师检测	
1	件1	$20_{-0.052}^{0}$(2处)	2×3分			
2		$40_{-0.062}^{0}$	5分			
3		$85_{-0.087}^{0}$	5分			
4		$63.09_{-0.074}^{0}$	5分			
5		$≑\boxed{0.08}\,A$	6分			
6		60°±4′(2处)	2×3分			
7		$R14_{0}^{+0.05}$	5分			
8		$Ra3.2\,\mu m$(10处)	0.5×10分			
9	件2	$40_{-0.062}^{0}$	5分			
10		$Ra3.2\,\mu m$(10处)	10×0.5分			
11	配合	间隙燕尾平面部分不大于0.04	12×2分			
12		曲面部分不大于0.06	2×2分			
13		件2ϕ10H7对件1底边距离换位后变化量小于0.2	3分			
14		配合及互换后侧边错位量小于或等于0.06	2×2分			
15	孔加工	56±0.01	3分			
16		10±0.01	3分			
17		42±0.15	3分			
18		$Ra1.6\mu m$(3处)	3×1分			
19	其他	安全文明生产	酌情扣分			
			总计			

课题六 螺纹孔加工

 学习目标

1. 掌握螺纹孔的加工工艺。
2. 能正确选择加工螺纹孔的工量具。
3. 熟悉攻螺纹中常出现的问题及其产生原因。

在老师指导下完成图2-6-1所示螺纹孔加工计划,识读螺纹孔加工图样,获取螺纹孔加工的结构特点、尺寸要求等有效信息,按照加工工艺步骤,独立利用划针、高度尺等划线工具划出加工界线,采用钻、攻螺纹方法进行螺纹孔相配件制作,工作完成后按照现场管理规范清理场地、归置物品,并按照环保规定处置废弃物。

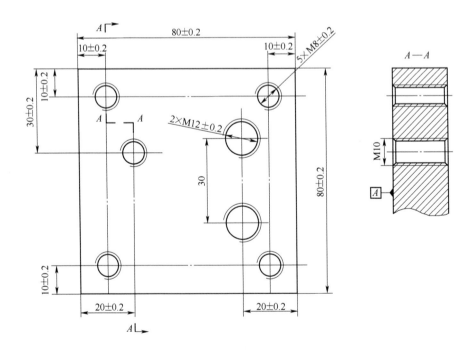

图2-6-1 螺纹加工

技术要求:
(1)M6、M8、M10、M12螺纹孔与基准面A的垂直度小于或等于0.2mm。

（2）孔口倒角。

实习准备

实习准备见表2-6-1。

表2-6-1　实习准备　　　　　　　　　　单位：mm

实习工件(工具)名称	材　料	材料来源	件　数	工时/h
80×80 板料	Q235	备料	1	
手用丝锥 M8、M10、M12				2h
刀口角尺 63×100				
高度游标卡尺 0~300				

实习步骤

攻螺纹：按实习图尺寸要求划出各螺纹的加工位置线，钻各螺纹底孔，并对孔口进行倒角。

依次攻制 M6(4个)，M8，M10，M20(2个)螺纹，检查螺纹孔与基准面的垂直度，并用相应螺钉进行配检。

注意事项

（1）在钻 M20 螺纹底孔时要立钻，必须先熟习机床的使用、调整方法，然后再进行加工，并注意到安全操作。

（2）起攻，起套的正确性以及攻、套螺纹时能控制两手用力均匀和掌握好用力限度，是攻、套螺纹的基本功之一，必须用心掌握。

（3）熟悉攻螺纹中常出现的问题及其产生原因（表2-6-2），以便在练习时加以注意。

表2-6-2　攻螺纹中常出现的问题及其产生原因

出现问题	产生原因
螺纹乱牙	(1)攻螺纹时底孔直径太小，起攻困难，左右摆动，孔口乱牙； (2)换用二、三锥时强行校正，或没旋合好就攻下
螺纹滑牙	(1)攻盲孔的较小螺纹时，丝锥已到底仍继续转； (2)攻强度低或小孔径螺纹，丝锥已切出螺纹仍继续加压，或攻完时连同绞杠做自由的快速转出； (3)未加适当切削液及一直攻、套不倒转，切屑堵塞将螺纹啃坏
螺纹歪斜	攻螺纹时位置不正，起攻、套时未做垂直度检查
螺纹形状不完整	攻螺纹底孔直径太大，或套螺纹圆杆直径太小
丝锥折断	(1)底孔太小； (2)攻入时丝锥歪斜或歪斜后强行校正； (3)没有经常反转断屑，或盲孔攻到底，还继续攻下； (4)使用绞杠不当； (5)丝锥牙爆裂或磨损过多而强行攻下； (6)工件材料过硬或夹有硬点； (7)两手用力不均或用力过猛

练习纪录及成绩评定

评分标准 单位:mm

序号	技术要求	配分	检测结果		得分
			学生自测	教师检测	
1	60±0.2	1×5 分			
2	M8±0.2	2×4 分	1×5 分		
3	M12±0.2	2×4 分			
4	10±0.2	8×2 分			
5	30±0.2	2×3 分			
6	25±0.2	2 分			
7	各螺纹孔与基准面 A 的垂直度≤0.2	7×2 分			
8	表面粗糙度	3 分			
9	螺纹完整	5 分			
10	丝锥乱牙	4 分			
11	丝锥折断	3 分			
总计					

课题七　异形件的制作

学习目标

1. 读懂异形件的零件图。
2. 正确编制异形件的加工工艺。
3. 正确掌握异形件的加工方法及步骤。
4. 正确使用千分尺。

在老师指导下完成图 2-7-1 所示异形制件加工计划,识读异形制件加工图样,获取异形制件加工的结构特点、尺寸要求等有效信息,按照加工工艺步骤,独立利用划针、高度尺等划线工具划出加工界线,采用锯、锉、钻、攻螺纹方法进行异形制件制作,工作完成后按照现场管理规范清理场地、归置物品,并按照环保规定处置废弃物。

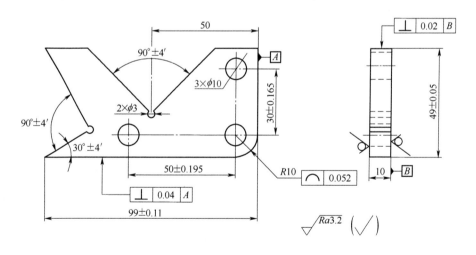

图 2-7-1　钻孔加工工件

技术要求:
(1)孔口倒角 C 0.5。
(2)锐边倒棱 R 0.3 mm。
(3)图 2-7-1 中未标注极限偏差的尺寸按标准公差等级 IT10~IT11 加工。

实习准备

实习准备见表 2-7-1。

表 2-7-1 实习准备　　　　　　　　　　　　单位：mm

实习工件(工具)名称	材　料	材料来源	件　数	工时/h
砂轮机		备料	1	
台式钻床		备料	1	
立式钻床		备料	1	
ϕ3、ϕ6、ϕ8、ϕ10 麻花钻		备料	1	
板锉		备料	1	
手用锯弓		备料	1	
锯条		备料	1	
300 高度划线尺		备料	1	18
0~150 游标卡尺		备料	1	
63×100 刀口形直角尺		备料	1	
R7.5~R15 半径规		备料	1	
划规		备料	1	
手锤		备料	1	
样冲		备料	1	
50×100×10 板料	Q235	备料	1	

实习步骤

(1)检查来料尺寸,并修整零件基准面。

(2)根据图纸要求,划出型腔尺寸的加工线。

(3)按图纸要求,加工零件型腔。

(4)在零件表面划出孔的加工十字中心线,并敲上样冲眼。

(5)钻孔加工。

(6)孔口倒角,锐边倒棱。

(7)复检零件的尺寸以及各形位误差。

注意事项

(1)用钻夹头装夹钻头时要用钻夹头钥匙,不可用扁铁和手锤敲击,以免损坏钻夹头和影响钻床主轴精度。工件装夹时,必须做好装夹面的清洁工作。

(2)钻孔时,手进给压力应根据钻头的工作情况,以目测和感觉进行控制,在实习中应注意掌握。

(3)钻头用钝后必须及时修磨锋利。

(4)注意操作安全。

(5)熟悉钻孔时常会出现的问题及其产生的原因,以便在练习时加以注意。

钻孔时可能出现的问题和产生原因见表 2-7-2。

表 2-7-2　钻孔时可能出现的问题和产生原因

出现问题	产生原因
孔大于规定尺寸	(1)钻头两切削刃长度不等,高低不一致; (2)钻床主轴径向偏摆或工作台未锁紧有松动; (3)钻头本身弯曲或装夹不好,使钻头有过大的径向跳动现象
孔壁粗糙	(1)钻头不锋利; (2)进给量太大; (3)切削液选用不当或供应不足; (4)钻头过短,排屑槽堵塞
孔位偏移	(1)工件划线不正确; (2)钻头横刃太长定心不准,起钻过偏而没有校正
孔歪斜	(1)与孔垂直的平面与主轴不垂直或钻床主轴与台面不垂直; (2)工件安装时,安装接触面上的切屑未清除干净; (3)工件装夹不牢,钻孔时产生歪斜,或工件有砂眼; (4)进给量过大使钻头产生弯曲变形
钻孔呈多角形	(1)钻头后角太大; (2)钻头两主切削刃长短不一,角度不对称
钻头工作部分折断	(1)钻头用钝仍然继续钻孔; (2)钻孔时未经常退钻排屑,使切屑在钻头螺旋槽内阻塞; (3)孔将钻通时没有减小进给量; (4)进给量过大; (5)工件未夹紧,钻孔时产生松动; (6)在钻黄铜一类软金属时,钻头后角太大,前角又没有修磨造成扎刀
切削刃迅速磨损或碎裂	(1)切削速度太高; (2)没有根据工件材料硬度来刃磨钻头角度; (3)工件表面或内部硬度高或有砂眼; (4)进给量过大; (5)切削液不足

千分尺的使用:

千分尺是一种精密量具,它的测量精度比游标卡尺高,而且比较灵敏。因此,对于加工精度要求较高的工件尺寸,要用千分尺来测量。

1)外径千分尺

(1)外径千分尺的结构。千分尺的结构如图 2-7-3 所示。

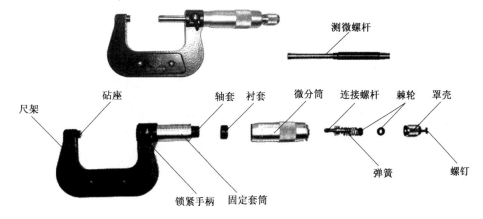

图 2-7-3　千分尺的结构

（2）外径千分尺的刻线原理及读数。

测微螺杆右端螺纹的螺距为 0.5 mm，当微分筒转一周时，测微螺杆就移动 0.5 mm。微分筒圆锥面上共刻有 50 格，因此微分筒每转一格，测微螺杆就移动 0.5/50＝0.01 mm。

固定套管上刻有主尺刻线，每格 0.5 mm。

在千分尺上读数的方法可分三步（见图2-7-4）：

①读出微分筒边缘在固定套管主尺的毫米数和半毫米数。

②看微分筒上哪一格与固定套管上基准线对齐，并读出不足半毫米的数。

③把两个读数加起来就是测得的实际尺寸。

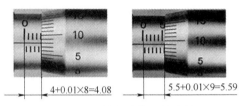

4+0.01×8=4.08   5.5+0.01×9=5.59

图 2-7-4　外径千分尺的读数

（3）外径千分尺的测量范围和精度：

千分尺的规格按测量范围分有：0～25 mm、25～50 mm、50～75 mm、75～100 mm、100～125 mm等。使用时按被测工件的尺寸选用。

千分尺的制造精度分为 0 级和 1 级两种，0 级精度最高，1 级稍差。千分尺的制造精度主要由它的示值误差和两测量面平行度误差的大小来决定。

2）内径千分尺

内径千分尺如图 2-7-5 所示，主要用来测量内径及槽宽等尺寸。内径千分尺的刻线方向与千分尺的刻线方向相反。测量范围有 5～30 mm 和 25～50 mm 两种，其读数方法和测量精度与千分尺相同。

3）其他千分尺

除了外径千分尺和内径千分尺外，还有深度千分尺、公法线千分尺（用于测量齿轮公法线长度）和螺纹千分尺（用于测量螺纹中径）等，如图 2-7-6 所示，其刻线原理和读法与千分尺相同。

图 2-7-5　内径千分尺

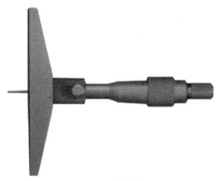

（a）深度千分尺

（b）公法线千分尺

图 2-7-6　其他千分尺

（c）螺纹千分尺

图 2-7-6 其他千分尺（续）

练习纪录及成绩评定

评分标准　　　　　　　　　　　单位：mm

序号	技术要求	配分	检测结果		得分
			学生自测	教师检测	
1	刃磨姿势正确	7分			
2	刃磨角度正确	7分			
3	刃磨钻头的切削能力	6分			
4	49±0.05	6分			
5	99±0.11	6分			
6	30±0.165	6分			
7	50±0.195	6分			
8	90°±4′	2×6分			
9	30°±4′	5分			
10	⟂ 0.04 A	3分			
11	⟂ 0.02 B	9×1分			
12	⌒ 0.052	4分			
13	3×ϕ10	3×2分			
14	2×ϕ3	2×2分			
15	Ra3.2μm	9×1分			
16	孔口倒角C0.5	8×0.5分			
17	安全文明生产	酌情扣分			
总计					

课题八 滑块组合

学习目标

1. 掌握滑块的加工工艺。
2. 能正确选择工量具。
3. 能控制滑块组合的加工精度。

在老师指导下完成图2-8-1所示滑块组合件加工计划,识读异形制件加工图样,获取滑块组合件加工的结构特点、尺寸要求等有效信息,按照加工工艺步骤,独立利用划针、高度尺等划线工具划出加工界线,采用锯、锉、钻、攻螺纹方法进行滑块组合件制作,工作完成后按照现场管理规范清理场地、归置物品,并按照环保规定处置废弃物。

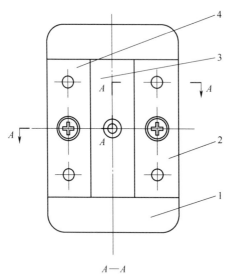

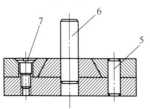

零件号	零件名称
1	底板
2	右导板
3	滑块
4	左导板
5	圆柱销 $\phi 5 \times 18$
6	圆柱销 $\phi 8 \times 30$
7	沉头螺钉 M5×16

图 2-8-1 滑块组合

底板如图 2-8-2 所示,滑块组合装配立体图如图 2-8-3 所示。

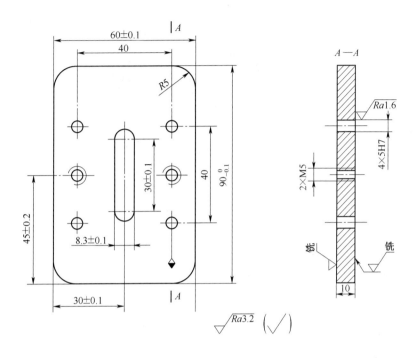

图 2-8-2　底板

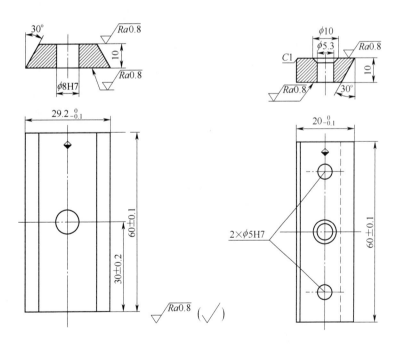

图 2-8-3　滑块组合装配立体图

图 2-8-3 滑块组合装配立体图(续)

滑块组合零件分解图如图 2-8-4 所示。

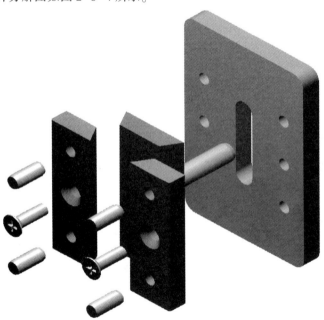

图 2-8-4 滑块组合零件分解图

技术要求：

(1)件 2、件 3、件 4 调整装配后间隙小于或等于 0.04 mm。

(2)件 3 转位 180°后能在件 2 和件 4 组合的导轨中自由滑动,配合间隙小于等于0.04 mm。

(3)件 2、件 3、件 4 装配后尺寸与件 1 外形尺寸一致。

(4)件 3ϕ8H7 孔对两斜面的对称度要求小于或等于 0.05 mm。

(5)孔口倒角 C0.5,外棱去毛刺。

实习准备

实习准备见表2-8-1。

表2-8-1 实习准备　　　　　　　　　　　　　　　　单位:mm

实习工件(工具)名称	材　料(规格)	材料来源	件　数	工时/h
板料 91×61×10 30×61×10 21×61×10	Q235	备料	1	
圆柱销 φ5×18			4	
圆柱销 φ8×30			1	
沉头螺钉 M5×16			2	
手用锯弓、钢丝刷			各1	
手用锯条(中齿)			若干	
板锉			若干	
90°刀口角尺、φ10圆柱销			1	18
0~150 mm 游标卡尺			1	
0~25、25~50、50~75 千分尺			各1	
300 高度划线尺			1	
φ3、φ4.8、φ6、φ7.8、φ12 麻花钻			若干	
φ5H7、φ8H7 整体式圆柱铰刀			若干	
可调式铰杠			2	
乳化液			适量	
机油			适量	

实习步骤

一、零件加工

按图样要求加工底板、滑块、左右导板。底板、左右导板上4个φ5H7孔在加工时先预钻底孔φ3,装配时配钻、配铰。

二、装配

(1)清理并清洗零件;

(2)在滑块φ8H7孔中安装圆柱销,把滑块组件安装在底板上,如图2-8-5(a)、(b)所示。

(3)用M5沉头螺钉把左右导板预紧在底板上。调整件2、件3、件4配合间隙小于或等于0.04 mm。并使用件3转位180°后能在件2和件4组合的导轨中自由滑动,配合间隙小于或等于0.04 mm,如图2-8-5(c)所示。

(4)拧紧M5沉头螺钉,配钻、配铰底板、左右导板上4个φ5孔。

(5)在4个φ5×18圆柱销涂上机油打入4个φ5H7孔中,如图2-8-5(d)所示。

（6）复检装配件，上交装配件。

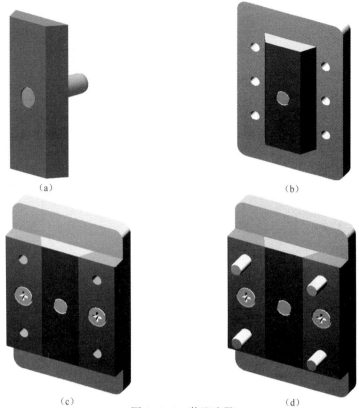

（a）　　　　　　　　　　（b）

（c）　　　　　　　　　　（d）

图 2-8-5　装配步骤

注意事项

（1）装配前零件毛刺应清除干净，以免影响装配精度。

（2）打圆柱销时，敲击力适中，以免破坏配合表面，影响接触精度。

（3）装配后外形轮廓应美观。

练习纪录及成绩评定

评分标准　　　　　　　　　　　　　　　　　单位：mm

序号	技术要求		配分	检测结果		得分
				学生自测	教师检测	
1	件1 （底板）	60 ± 0.1	4分			
2		$90_{-0.1}^{0}$	4分			
3		槽长 30 ± 0.1	4分			
4		槽宽 8.4 ± 0.1	4分			
5		30 ± 0.1	4分			
6		45 ± 0.2	4分			
7		$\phi5H7$	4×1分			
8		$R5$	4×1分			

续表

序号	技术要求		配分	检测结果		得分
				学生自测	教师检测	
9	件2（导板）	60 ± 0.1	2×4 分			
10		$20_{-0.1}^{0}$	2×4 分			
11		30°斜面加工正确	2×2 分			
12	件3（滑块）	60 ± 0.1	4 分			
13		$29_{-0.1}^{0}$	4 分			
14		30°斜面加工正确	2×2 分			
15		ϕ8H7 孔对两斜面的对称度要求小于或等于 0.05	5 分			
16	装配	件2、件3、件4 调整装配后间隙小于或等于 0.04	2×5 分			
17		配合间隙小于或等于 0.04	2×5 分			
18		件3 能在件2 和件4 组合的导轨中自由滑动	8 分			
		件2、件3、件4 装配后尺寸与件1 外形尺寸一致	3 分			
19	其他	棱边去毛刺	酌情扣分			
总计						